Erfolgreiche Selbstführung im Job

Persönliche Entwicklung nachhaltig umsetzen

Arnulf Krandick

HAUFE.

Inhalt

Vorwort

Damit wir uns persönlich entwickeln und den Weg gehen können, der den eigenen Wünschen entspricht, sind Veränderungen nötig. Wir wollen beruflich mehr erreichen oder uns anders orientieren, fitter werden, gesünder leben. Doch allzu oft bleibt es beim guten Vorsatz. Unser Vorhaben kommt über den ersten Schwung nicht hinaus.

Dieser TaschenGuide präsentiert Ihnen eine wirksame Methode und Techniken, mit denen es Ihnen gelingt, Ihre beruflichen wie auch privaten Wünsche und Pläne nicht nur in Taten umzusetzen, sondern sie auch nachhaltig zu neuen Gewohnheiten zu machen. Sie erfahren, wie Sie die Tools in Ihrem Alltag anwenden. Ebenso zeige ich Ihnen, auf welchen wissenschaftlichen Erkenntnissen sie basieren und warum die Neurobiologie dabei eine entscheidende Rolle spielt.

Neues lernen und verinnerlichen kann ganz einfach sein – man muss nur wissen, wie es funktioniert. In diesem Sinne wünsche ich Ihnen viele erkenntnisreiche Impulse bei der Lektüre,

Ihr Arnulf Krandick

Um alle Geschlechter gleichermaßen anzusprechen und eine gute Lesbarkeit zu ermöglichen, habe ich das generische Maskulinum verwendet. Die in diesem Buch verwendeten Personenbezeichnungen beziehen sich – sofern nicht anders kenntlich gemacht – auf alle Geschlechter.

Die Schlüsselkompetenz der Zukunft: Selbstführung

Flache Hierarchien, Matrixorganisationen, virtuelle Teams und Homeoffice führen dazu, dass sich gewohnte Strukturen, die uns bislang Halt gaben, immer mehr auflösen. Mitarbeitende sind zunehmend auf sich selbst gestellt. Selbstführung wird somit zu einer Schlüsselkompetenz, um in modernen Arbeitskontexten zu bestehen.

In diesem Kapitel erfahren Sie unter anderem, warum Selbstführung

- viel mehr ist als Selbstmanagement,
- vor allem eine Frage des Gefühls ist,
- nicht funktioniert ohne Gespür für die Zukunft.

Was Selbstführung auszeichnet

Die Dynamisierung der Arbeitskontexte ist ungebremst: Hierarchien werden flacher, Managementmethoden agiler, Kundenwünsche wechselhafter, Arbeiten projektbezogener. Auch die Komplexität nimmt zu. Das verlangt große Flexibilität von allen Mitarbeitenden. Der letzte große Schub, die flächendeckende Verbreitung des Homeoffice, lässt die Kommunikation digitaler werden: Das spontane Gespräch „zwischen Tür und Angel" wird seltener. Das Gefühl, in einem Team zu arbeiten, wird abstrakter.

Durch das Aufweichen äußerer Strukturen und die zunehmende Digitalisierung der Arbeitsplätze werden Mitarbeitende stärker auf sich selbst zurückgeworfen. Angesichts dieser Entwicklungen gewinnt Selbstführung mehr und mehr damit an Bedeutung.

Selbstführung: Was ist das eigentlich?

Häufig gilt Selbstführung als Synonym für Selbstmanagement oder den in der Psychologie verwendeten Fachterminus der Selbstregulation. Lassen Sie uns diese beiden Begriffe näher betrachten, um uns der Bedeutung von Selbstführung zu nähern. Selbstmanagement befasst sich schwerpunktmäßig mit der Setzung von Zielen, der Priorisierung, Organisation und Planung und der Umsetzung im Sinne eines guten Zeitmanagements. Die dazu vorhandenen Konzepte sind gut strukturiert und logisch aufgebaut. Ihr Schwachpunkt besteht jedoch darin, dass sie die Motivation nicht einbeziehen. Motivation entsteht nicht automatisch mit der Formulierung der Ziele. Wohl jeder hat schon mal die Erfahrung gemacht, wie wenig von außen gesetzte Ziele motivieren. Auch für selbstgesetzte Ziele reicht die Motivation oft nicht aus. Gute Vorsätze für ein gesünderes Leben zum Beispiel haben häufig keine besonders lange Halbwertszeit.

Die Psychologie bevorzugt den Terminus der Selbstregulation, weil sie auf die innerpsychischen Prozesse fokussiert, zum Beispiel auf die Regulation eigener Emotionen. Auch wenn uns vielfach noch nicht klar ist, wie wir nun am besten mit Emotionen, den eigenen und den von anderen, zum Beispiel Mitarbeitenden, umgehen sollen, so ist mittlerweile doch ein zunehmendes Bewusstsein für ihre Bedeutung entstanden. Die Regulation von Lust und Unlust ist zum Beispiel ein entscheidender Faktor für die Umsetzungskompetenz, für die Fähigkeit, *gute Vorsätze* in die Tat umzusetzen.

Zur Selbstführung gehören beide Aspekte: sowohl Selbstregulation als auch Selbstmanagement. Es beginnt damit, die eigenen Bedürfnisse aufmerksam wahrzunehmen, und setzt sich damit fort, die eigenen Ziele zu reflektieren, um eine motivationale Kraft zu entwickeln, aus der ein echter Wille entsteht. Die Gefühle spielen dabei eine tragende Rolle, nicht nur als Indikator eigener Bedürfnisse, sondern auch für die Willensbildung.

Vom Wissen ins Wollen

„Der Unterschied zwischen Wissen und Wollen liegt im Gefühl“, fasst es Dr. Maja Storch, eine der Begründer des Zürcher Ressourcenmodells, zusammen. Den Unterschied können Sie gut nachvollziehen, wenn Sie sich zum Beispiel einmal beruflich verändert haben, sei es im Unternehmen oder durch einen Wechsel des Arbeitgebers: Solche Entscheidungen fallen nicht über Nacht. Vorab wollen Sie möglichst viel über die neue Herausforderung *wissen*. Ob Sie wechseln *wollen*, ist Ihnen noch nicht klar. Sobald Sie jedoch die Entscheidung getroffen haben und wirklich wechseln *wollen*, ändert sich Ihr Gefühl. Sie haben eine andere Klarheit, es fühlt sich anders an.

Meine Empfehlung: Achten Sie in Zukunft etwas bewusster auf die Gefühle, die Sie bei geplanten Veränderungen entwickeln. Sie geben Aufschluss darüber, was Sie wirklich wollen und ob es sich um etwas handelt, von dem Sie nur glauben, es tun zu sollen.

Warum Selbstführung immer auch Gefühlssache ist

Gefühle gelten häufig als Inbegriff des Echten und Authentischen. Dabei fallen Gefühle nicht einfach vom Himmel, sondern an ihrer Entstehung sind viele Faktoren beteiligt.

Denken Sie doch mal an einen schönen Urlaub, den Sie gemacht haben: Die Natur, die Sie erlebt haben, und die Menschen, mit denen Sie zusammen gewesen sind. Ob Sie einen Berg bestiegen haben oder den Sonnenuntergang über dem Meer genossen haben – merken Sie, dass mit der Erinnerung langsam ähnliche Gefühle aufsteigen, wie Sie sie damals hatten?

Dieses kleine Beispiel zeigt, wie Sie einen bewussten Einfluss auf Ihre Gefühle nehmen können. Nun hat diese kleine Reise in die Vergangenheit vielleicht einen entspannenden, aber nicht sehr nachhaltigen Effekt. Sobald das Telefon klingelt, sind Sie wieder in der Gegenwart, mit all dem, was Sie beschäftigt. Sehen Sie auf dem Display dann auch noch die Rufnummer eines schwierigen Kollegen, dann ist die Stimmung endgültig dahin, mehr noch, es steigt Ärger auf über die Dinge, die zuletzt passiert sind.

Solche äußeren Faktoren haben vielleicht den stärksten Einfluss auf unsere Gefühle. Lösen sie negative Gefühle aus, sprechen wir umgangssprachlich auch gerne von *Triggern:* Ein äußerer Reiz führt zwingend zu einer bestimmten Reaktion, meist nicht gewollten Verhaltensweisen und schmerzhaften Gefühlen. An dieser Stelle müssen wir jedoch die Erstreaktion von einer Zweitreaktion unterscheiden.

Die spontane Erstreaktion können wir nicht wirklich beeinflussen. Die Zweitreaktion – die Art und Weise, wie wir mit der Erstreaktion umgehen –, können wir jedoch sehr wohl steuern. Indem wir passende Zweitreaktionen etablieren, beginnen wir, die eigenen Gefühle zu regulieren.

Haben Sie als Kind *Mensch ärgere Dich nicht* gespielt? Waren Sie dabei einmal so wütend, dass Sie aus dem Zimmer gelaufen sind? Oder haben Sie in einem Wutanfall gar alle Figuren vom Brett gefegt? Und wie gehen Sie jetzt als Erwachsener mit Ihrer Frustration um, wenn Sie aus einer Laune heraus mit anderen noch einmal *Mensch ärgere Dich nicht* spielen: Würden Sie genauso reagieren? Oder, wenn Sie Kinder haben, hören Sie sich nicht vielleicht auch sagen: „Jetzt sei doch nicht so wütend, es ist doch nur ein Spiel?"

Hier hat im Laufe der Jahre eine Regulierung der Gefühle stattgefunden. Wenn die letzte Figur kurz vor dem Häuschen aus dem Spiel gekickt wird, ist das natürlich nach wie vor ärgerlich. Der negative Affekt, als spontane Erstreaktion, bleibt erhalten, aber die Zweitreaktion, der Umgang mit der Frustration ist ein anderer geworden. Es ist eben tatsächlich nur ein Spiel.

Eine zweckmäßige Gefühlsregulierung ist, wie in dem Beispiel gezeigt, ein Erziehungsziel, das vielleicht zu wenig thematisiert wird. Vielen Menschen ist gar nicht bewusst, dass und welchen Einfluss sie auf ihre Gefühle haben. Der Wunsch, sich über bestimmte Dinge nicht mehr ärgern zu müssen, wird meist von einer großen Hilflosigkeit begleitet – und gleichzeitig herbeigesehnt.

Zur Selbstführung gehört es also auch, eigene Gefühle regulieren zu können. Hilfreich ist zum einen eine Immunisierung gegen äußere Trigger, die Gefühle und Verhaltensweisen abrufen, die eigentlich nicht gewollt sind. Zum anderen gilt es, die motivationalen Emotionen von Lust und Unlust besser zu steuern. Auch wirklich gewollte Ziele können daran scheitern, dass sie mit unangenehmen Aufgaben und Pflichten verbunden sind, die dann *nicht erledigt werden wollen*, obwohl kognitiv die Einsicht besteht, dass sie notwendig sind.

Für die Umsetzungskompetenz, d. h. die Fähigkeit, gesetzte Ziele in die Tat umzusetzen, ist es eine große, wenn nicht gar die entscheidende Hilfe, solche unangenehmen Aufgaben mit Freude erledigen zu können.

Visionen: Energiebooster für den Weg zum Ziel

Eine Vision zu haben, also ein Ziel für die Zukunft, welches schon jetzt sinnlich erlebbar ist, das heißt, welches schon jetzt *gefühlt* werden kann, hilft uns, in Richtung Zukunft aufzubrechen und den Weg beizubehalten, auch wenn es schwierig wird. Besonders, wenn wir andere führen, sind solche Ziele wichtig, um andere dazu zu bewegen, uns auf dem Weg zu begleiten. Peter Drucker, einer der prominentesten Management-Vordenker, formulierte einmal sehr prägnant: „Verabschieden Sie sich von dem Gedanken andere Menschen führen zu können. Der einzige Mensch, den Sie wirklich führen können, das sind Sie selbst!“

Nun, wenn es schon nicht möglich ist, andere Menschen zu führen – haben Sie denn eine Vision für sich? Alle, die irgendwann frustriert aufgegeben haben, gute Vorsätze für das neue Jahr zu fassen, wissen, dass es schwer genug ist, sich selbst führen zu wollen. Und das Scheitern der guten Vorsätze war auch bestimmt nicht von guten Gefühlen begleitet.

Jeder, der zur Schule gegangen ist, kennt die Wochen vor den Sommerferien, die durch eine große Vorfreude gekennzeichnet sind. Mit jedem Tag wird die Freude spürbar größer. Dieses „schon jetzt Spüren" ist gemeint, wenn von einer Vision geredet wird.

Wie schaut es denn mit Ihren Gefühlen aus, wenn Sie an Ihre beruflichen Ziele denken? Spüren Sie eine ähnliche Freude? Im Laufe der Jahre verliert sich diese ungebremste Vorfreude, wie sie Kindern zu eigen ist. Als erwachsener Mensch kommt die Verantwortung hinzu, die man für sich und seine Handlungen übernehmen muss. Dazu gehört, die Konsequenzen der eigenen Entscheidungen aushalten zu müssen. Entsprechend liegt der Fokus auf möglichen Problemen und Schwierigkeiten. Allzu viel Vorfreude kann da sehr schnell naiv wirken – vor allem im Arbeitsleben.

Wie anders ist es, wenn jemand eine lange, vielleicht etwas unkonventionelle Reise plant, zum Beispiel mit dem Wohnmobil durch Afrika fahren möchte: Das erfordert viel Recherche über die jeweiligen Staaten, politische Aspekte, mögliche Krankheiten und Reiserouten. Sind das lästige Pflichten? Nein! Alle Zeit, die dafür aufgewendet wird, wird von der freudigen Erwartung der zukünftigen Reise getragen. Vielleicht gibt es überraschende Ereignisse, welche die bisherige Planung über den Haufen werfen. Wirft man dann frustriert das Handtuch und macht Pauschalurlaub am Mittelmeer? Eher nicht. Es wird neu geplant, eine neue Route gefunden und mit der gleichen Freude weiter recherchiert.

Sie entgegen jetzt vielleicht: „Das ist ja auch nicht schwer, weil es die Freizeit betrifft.“ Mag sein. Aber wäre es nicht auch schön, wenn Sie bei der Arbeit dieselbe Energie, denselben langen Atem hätten? Wäre es nicht schön, wenn Sie für sich eine Vision hätten, die Ihren Bedürfnissen entspricht und die Energie mitbringt, um Ihre beruflichen Ziele zu erreichen? Sie müssen nicht darauf warten, dass die dafür benötigten Ressourcen vom Himmel fallen, sondern Sie können sie aktiv wecken.

Nachhaltige persönliche Entwicklung

Nicht nur bei Neujahrsvorsätzen ist es so: Wie schön und hilfreich wäre es, ein paar Dinge im Leben zu ändern, doch wie schwer ist es, ins Handeln zu kommen und erst recht die Änderung nachhaltig als neue Gewohnheit zu etablieren.
In diesem Kapitel erfahren Sie,

- warum der Erfolg unserer Vorhaben von zwei uns immanenten Bewertungssystemen abhängt,
- wie diese Systeme arbeiten,
- wie wir auf sie Einfluss nehmen können.

Zwei Systeme steuern unser Verhalten

Daniel Kahneman, der einzige Psychologe, der je den Nobelpreis für Ökonomie erhalten hat, beschreibt zwei Bewertungssysteme, die unser Verhalten steuern.

System 1: das schnelle, emotionale Bewertungssystem

Das von Kahneman als System 1 titulierte Bewertungssystem wird von anderen Forschern auch als „emotionales Erfahrungsgedächtnis", „implizites Wissen" oder als „unbewusstes System" bezeichnet. Es bildet sich bereits im Mutterleib und speichert alle Erlebnisse – alles, was uns widerfährt. Diese Informationen stehen uns aber nicht per se sprachlich abrufbar zur Verfügung, sondern werden präverbal in Form von Emotionen (z. B. Freude, Angst, Wut) und körperlichen Empfindungen (z. B. Kribbeln, Wärme oder mulmiges Gefühl) gespeichert. Diese sogenannten somatischen Marker sind also „verkörperlichte" Erfahrungen, die unser Entscheidungsverhalten beeinflussen. System 1 wird von anderen Experten daher auch als unbewusstes System bezeichnet. Kahneman dagegen nutzt diesen Ausdruck nicht, weil der Begriff des Unbewussten in der Psychologie viele Assoziationen hervorruft, die er vermeiden möchte. Er nennt dieses System daher sehr neutral System 1. System 1, weil es das schnellere und leistungsfähigere System ist, das den Alltag dominiert.

System 2: das langsame, rationale Bewertungssystem

Dieses System ist der bewusste Verstand. Damit denken wir, mit diesem System identifizieren wir uns. Sein Kommunikationsmittel ist die Sprache, weil unsere Gedanken aus Worten bestehen. Es ist langsamer als das unbewusste System. Dafür bezieht es in seine Entscheidungen auch immer die Zukunft mit ein. Was wäre gut für mich? Was will ich erreichen? Die Ziele, die ich mir setze, werden von diesem System formuliert.

Wie System 1 und 2 zusammenwirken

Beide Systeme steuern unser Verhalten. Beide Systeme sind gleichzeitig aktiv, operieren aber höchst unterschiedlich, wie die Tabelle zeigt.

	System 2 (Verstand)	System 1 (Emotionales Erfahrungsgedächtnis)
Verarbeitungsmodus	Bewusst	Unbewusst
Kommunikationsmittel	Sprache	Somatische Marker
Arbeitstempo	Langsam (900 ms)	Schnell (200 ms)
Bewertung	Richtig/falsch	Mag ich/mag ich nicht
Informationsverarbeitung	Sequentiell	Parallel
Zeithorizont	Zukunft	Hier und Jetzt

Wie die beiden Systeme zusammenarbeiten, lässt sich sehr gut an einem Beispiel veranschaulichen:

Stellen Sie sich vor, Sie kommen nach dem Urlaub an Ihren Arbeitsplatz zurück, öffnen das E-Mailpostfach und sehen, wie es sich allmählich mit 376 Mails füllt. Zu jedem und jeder der Absender, die Sie identifizieren, haben Sie sofort ein Gefühl. Über manche freuen Sie sich („Ach, da könnte ich doch sofort mal schauen“), auf manche haben Sie überhaupt keine Lust („Oh nein! Was will der denn jetzt schon wieder?“). Diese Gefühle sind somatische Marker, diffuse Körpergefühle, hinter denen aber auch eine Bewertung steckt. Das geht sehr schnell und tendiert entweder in eine positive oder negative Richtung („Mag ich“ bzw. „Mag ich nicht“).

Das System 1 wird oft als „emotionales Erfahrungsgedächtnis“ bezeichnet. Warum das so ist, lässt sich ebenso an unserem E-Mail-Beispiel verdeutlichen: Alle Erfahrungen, die Sie mit den jeweiligen Absendern gemacht haben, werden gleichzeitig (parallel) aufgerufen. Sind es positive Erfahrungen, haben Sie ein gutes Gefühl. Ist die Zusammenarbeit bisher meistens anstrengend und kompliziert verlaufen, haben Sie keine Lust auf die weitere Kommunikation. Das geht alles sehr schnell. Wenn Sie dann gefragt werden, warum Sie diese Gefühle haben, können Sie das zunächst sprachlich nur schwer erklären. Es braucht erst etwas Zeit, die Worte zu finden, um das Gefühl „richtig“ begründen zu können. Sie können auch nur ein Wort nach dem nächsten sagen, nur einen Gedanken nach dem nächsten denken. Vielleicht überlegen Sie auch, wem Sie was sagen und was die Person mit diesen Informationen machen wird: Dann hat Ihr System 2 übernommen. Dann haben Sie auch die Zukunft im Blick.

Zwei Arten der Selbstführung

Aufbauend auf diesen neurobiologischen Erkenntnissen lassen sich zwei grundsätzliche Arten der Selbstführung unterscheiden:

- die Selbstkontrolle, bei der der bewusste Verstand dominiert.
- die Selbstregulation. Beide Systeme handeln hier in enger Abstimmung miteinander.

Dominiert allein das unbewusste System 1, ist unser Verhalten durch eine starke Impulsivität gekennzeichnet. Es sind spontane Emotionen, aus denen heraus gehandelt wird. Die Folgen des eigenen Handelns werden nicht berücksichtigt; das Verhalten wird nicht auf bestimmte Ziele ausgerichtet. Von einer Selbstführung kann man dann nicht sprechen. Diese setzt immer auch bewusstes Denken und Handeln voraus.

Selbstkontrolle

Ein Schlüssel zum Modus der Selbstkontrolle ist die Disziplin. Wer abends spät ins Bett gekommen ist und morgens zu früh vom Wecker geweckt wird, weiß, wie schwer es fällt, diszipliniert zu handeln: Man würde so gerne noch liegenbleiben, das Aufstehen fällt unendlich schwer – man tut es, obwohl es viel Überwindung kostet, aber trotzdem.

In der Schulzeit trainieren Eltern Disziplin jahrelang mit ihren Kindern, bis sie zu einer Selbstverständlichkeit geworden ist.

Die Fähigkeit, sich in Situationen, die geprägt sind vom Zwiespalt zwischen Pflicht und Vergnügen, nicht einfach gehen zu lassen, sondern sich aus rationalen Erwägungen für die Plicht zu entscheiden, ist positiv. Sie ermöglicht es, Verabredungen zu treffen, zu seinem Wort zu stehen – hat also positive Auswirkungen auf das Miteinander und die Zusammenarbeit und ist hilfreich zur konsequenten Verfolgung gesetzter Ziele.

Im Übermaß betrieben hat sie jedoch deutlich negative Auswirkungen, würde zu einer Art *innerer Diktatur* führen. Dies ist zum Beispiel der Fall, wenn die Berufswahl nicht den eigenen Neigungen entsprechend getroffen worden ist, sondern von den Eltern vorgegeben wurde. Sei es, weil ein Familienbetrieb übernommen werden soll, weil Vater oder Mutter ihrem Kind eine Arbeit in derselben Firma beschaffen können oder weil die Sicherheit eines Beamtenverhältnisses angeraten wird.

Beispiel: Der disziplinierte Bürgermeister

Ich kannte einen Bürgermeister, der nach seinem Wechsel in den Ruhestand angefangen hat, Schauspielunterricht zu nehmen und literarische Lesungen zu halten. Sein Berufsleben hat er als Jurist und Kommunalpolitiker sehr erfolgreich gelebt, aber es war immer das Bewusstsein dabei, eigentlich etwas anderes machen zu wollen und einen hohen Preis für seinen beruflichen Erfolg zu zahlen. Seinen Ruhestand hat er herbeigesehnt, um sich als Pensionär endlich seinen eigentlichen Lebenstraum erfüllen zu können.

Ein Selbstmanagement mittels Selbstkontrolle hat nicht nur den Nachteil, dass man mitunter den hohen Preis dafür bezahlt, eigenen Gefühlen nicht genügend Aufmerksamkeit zu schenken. Es gibt auch einige Stolpersteine, die auf dem Weg zu mehr Disziplin und Selbstkontrolle liegen.

Störfaktoren für die Selbstkontrolle

Dem bewussten Verstand wird es von einer ganzen Reihe an Störfaktoren erschwert, die nötige Disziplin aufrechtzuerhalten.

- Überlastung, weil es zu viel (gleichzeitig) zu tun gibt (cognitive load)
- Unterforderung, Langeweile
- Starke Gefühle wie Angst, Sorge, Wut, aber auch Euphorie
- Ablenkung, Verführung zu anderen Handlungen (starke Reizumwelt)
- Körperlicher und physischer Mangel (Schlafmangel, Hunger etc.)
- Zu wenig Sinn/Anerkennung

Impulsives Handeln

Sind solche Störfaktoren in einem gewissen Umfang gegeben, dann arbeitet der bewusste Verstand nicht mehr gut. Das bedeutet, er hat nicht mehr die Kontrolle über das Verhalten, sondern das System 1, das unbewusste System, übernimmt. Damit wird das Verhalten impulsiver. Ganz im Hier und Jetzt berücksichtigt das Unbewusste nicht die Folgen des Verhaltens und die Disziplin ist dahin.

Dieses Phänomen kennen wir alle: Unter Zeitdruck werden Verantwortliche schnell *mal laut*, auch wenn sie üblicherweise einen normalen Umgangston pflegen. Solange sie nur laut sind, hat es keine weitreichenden Folgen. Wenn sich mit der Lautstärke allerdings verbale Ausfälle und Beschimpfungen verbinden, entstehen Kollateralschäden, die meist nicht mehr aufgearbeitet und ein versteckter Teil der Unternehmenskultur werden. Es kann sonst noch so gut laufen, bei den Mitarbeitenden schleicht sich trotzdem die Überzeugung ein, dass der Umgangston sehr schnell auch ganz anders werden kann. Neue Kollegen werden gewarnt, dass man bei der Führungskraft *aufpassen* müsse. Das zeigt: Impulsive Ausraster, so kurz sie auch sein mögen, prägen das Image der Führungskraft wesentlich.

Selbstregulation

In einer gelingenden Selbstregulation arbeiten beide Systeme optimal zusammen: Der bewusste Verstand befindet sich in engen Feedbackschleifen mit dem unbewussten System. Der Verstand unterdrückt nicht die Gefühle, über die das unbewusste System kommuniziert. Die spontanen Handlungen des unbewussten Systems werden stärker in die bewusste Zielsetzung eingebunden, d. h., die Impulskontrolle wird deutlich verbessert.

Beide Systeme werden im Hinblick auf ein und dasselbe Ziel synchronisiert. Das unbewusste System arbeitet im Vergleich zum bewussten Verstand sehr viel zuverlässiger. Es ist nicht so störanfällig. Deshalb ist es wichtig, dass es mit im Boot sitzt, dass beide Systeme gewissermaßen an einem Strang ziehen. Gute Vorsätze scheitern nämlich meist daran, dass es auch gegenteilige Bedürfnisse gibt, die sich dann, wenn der Verstand überlastet wird, durchsetzen und die bewussten Motive sabotieren. Spontane Bedürfnisse fokussieren sich auf den kurzfristigen Genuss und die Befriedigung dieser Bedürfnisse unterstützt die gesetzten Ziele nicht. Im Gegenteil, sehr häufig sind sie diesen abträglich.

Sind beide Systeme dagegen in einem engen Austausch miteinander, dann *werden* auf dem Weg zum Ziel auch die eigenen Bedürfnisse berücksichtigt und das Handeln wird von positiven Gefühlen begleitet. Das betrifft insbesondere unangenehme Aufgaben und Pflichten, die nun mal mit den Zielen verbunden sind, die ich erreichen will. Oft genug bilden sie den Engpass, der über die Zielerreichung entscheidet. Hierfür liefert das Zürcher Ressourcenmodell eine strukturierte Methode, die eine intrinsische Motivation aktivieren kann, um auch solche ungeliebten Tätigkeiten zu erledigen (siehe Kap. „Das Zürcher Ressourcen Model").

Gefühle kommunizieren

Wenn für eine gelingende Selbstregulation enge Feedbackschleifen nötig sind, dann stellt sich die Frage, in welcher Form dieses Feedback platziert werden kann. Wie funktioniert also die Kommunikation zwischen Verstand und Unbewusstem?

Können wir uns dessen bewusst werden? Oder findet sie völlig unbewusst statt und wir bemerken sie gar nicht?

Wilma Bucci hat mit der *Multiple Code Theory* ein Modell entwickelt, das sehr anschaulich zeigt, wie die Kommunikation funktioniert. Bucci unterscheidet drei Codes, in denen die Systeme Informationen verarbeiten. Sie unterscheidet dabei zwischen symbolischen und vorsymbolischen sowie verbalen und non-verbalen Codes.

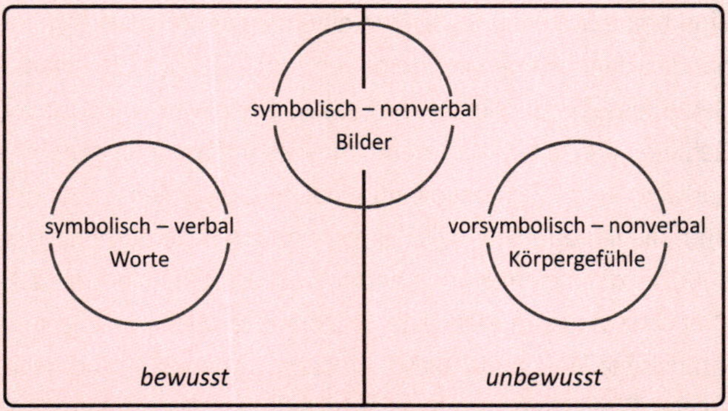

Die Informations-Codes nach Wilma Bucci (2002)

Symbolisch-verbal: Worte

Der bewusste Verstand codiert die Wirklichkeit mit Buchstaben und Worten. Er bewegt sich also in der Welt der Sprache. Gute Vorsätze und SMARTe Ziele sind in dieser Weise verfasst. Unsere Gedanken sind in diesen Code übersetzt; wir denken mit

Sprache und wir identifizieren uns sehr leicht mit dem, was wir denken.

Vorsymbolisch-nonverbal: somatische Marker

Das unbewusste System kommuniziert über Körpergefühle, die sogenannten somatischen Marker, die Sie oben schon kennengelernt haben. Der Begriff wurde vom Neurowissenschaftler António Damásio in den 1990er-Jahren geprägt: *Soma* ist das griechische Wort für Körper. Marker bedeutet, dass uns etwas angezeigt wird. Ein somatischer Marker ist ein diffuses Körpergefühl. Gut zum Ausdruck kommen somatische Marker in Formulierungen wie *„Schmetterlinge im Bauch haben"*, *„Herzklopfen verspüren"* oder *„Mir kommt die Galle hoch"*, *„Da sträuben sich mir die Nackenhaare"*, *„Ich habe ein mulmiges Gefühl im Bauch"*. Diese Beschreibungen körperlicher Sensationen sind schon mit Emotionen verkoppelt, positiver oder negativer Art.

Auf die Spur der somatischen Marker kam Damásio durch die Arbeit mit Patienten, die schwere Verletzungen in einer bestimmten Region des Gehirns erlitten haben und aufgrund dessen starke Veränderungen in der Persönlichkeit zeigten. Der Wissenschaftler identifizierte bei ihnen eine Region im Gehirn, in der die somatischen Marker lokalisiert werden können. In diesem Bereich werden rationale Entscheidungsprozesse mit Körpergefühlen abgeglichen. Damásio konnte beispielsweise aufzeigen, dass Gefühlsarmut und Entscheidungsunfähigkeit in einer festen Beziehung miteinander stehen.

In den somatischen Markern stecken die Bewertungen des unbewussten Systems, dem emotionalen Erfahrungsgedächtnis. Gibt es Ähnlichkeiten zu positiven Erfahrungen, wird gerne erneut in diese Richtung entschieden. Wurden schlechte Erfahrungen gemacht, werden in der Situation negative somatische Marker aktiviert. Fehlen diese Hinweise aus dem Erfahrungsgedächtnis, führt das im Extremfall, wie bei den Patienten von Damásio, zu Entscheidungsunfähigkeit.

Natürlich gibt es eine riesige Spannbreite ambivalenter Körpergefühle, von Orientierungslosigkeit bis hin zu mulmigen Gefühlen, wenn man den Eindruck hat, nicht alle Informationen zu kennen. Diese Differenzierungen möchte ich hier allerdings nicht weiter ausführen.

Es reicht, wenn Sie eine Sensibilität für solche Körpergefühle entwickeln. Denn sie sind alles andere als bedeutungslos. Lernen Sie die Bewertungen Ihres Unbewussten zu verstehen. Sinnvollerweise fängt man mit den einfacheren und eindeutigeren Signalen an.

Achten Sie also auf Ihre somatischen Marker, nehmen Sie sie bewusst wahr, entschlüsseln Sie, wofür sie stehen. In der Tool-Box werden vier Möglichkeiten genannt, wie Sie Ihr Bewusstsein für somatische Marker trainieren können. Es lohnt sich. Sie erhalten auf diese Weise einen guten Zugang zu sich selbst und zu Ihrer Intuition.

Symbolisch-nonverbal: Bilder

Bilder sind ein Medium, zu dem beide Systeme Zugang haben. Sie sind nicht sprachlich verfasst, lassen sich aber bewusst wahrnehmen und beschreiben.

Das unbewusste System speichert Erinnerungen in Bildern. Erzählen wir von der Vergangenheit, sind es innere Bilder, die unsere Worte begleiten. Bilder können uns emotional berühren, können Emotionen wecken. *Ein Bild sagt mehr als tausend Worte – besser als durch dieses Bonmot kann man* die unterschiedliche Leistungsfähigkeit der beiden Systeme nicht ausdrücken. Ein Bild kann komplexe Sachverhalte gleichzeitig darstellen. Das bewusste System bräuchte dagegen viel Zeit und Worte, um den Informationsgehalt auch nur annäherungsweise wiedergeben zu können.

In Rhetorik-Trainings wird immer wieder empfohlen, das eigene Anliegen mit Beispielen, Analogien und Metaphern anschaulich zu machen. Weshalb? Weil auf diese Weise das Unbewusste angesprochen wird. Anschauliche Beispiele wecken Emotionen und bleiben im Gedächtnis. Beides, Emotionen und Erinnerung, spielen für die Meinungsbildung und die Entscheidungsfindung eine zentrale Rolle. Überzeugt zu sein, ist etwas anderes als überredet zu werden: Der Unterschied liegt im Gefühl. Überzeugung ist mit einem anderem (Körper-)Gefühl verbunden.

Bilder beeindrucken das unbewusste System aber nicht nur. Durch die Projektion von Bildern vermag das Unbewusste sich auch auszudrücken. Das kann die metaphorische Beschreibung eigener Gefühle und Stimmungen sein, wie z. B.: „*Ich fühle mich wie an einem lauen Sommerabend im August*". Ein Bild der Zukunft kann aber auch sehr konkret sein, etwa wenn im Business von Visionen gesprochen wird: Visionen sind definiert als eine Vorstellung der Zukunft, die schon jetzt sinnlich erlebbar ist, d. h. die gefühlt werden kann. Das gute Gefühl, welches mit dem Erreichen des Ziels verbunden ist, soll auf die Gegenwart abfärben. Es ist die Vorfreude, die die Energie zum zielführenden Handeln liefert. Sie ist die Antriebskraft, ein Kennzeichen intrinsischer Motivation. Allerdings kann diese Vorfreude nicht kognitiv qua Hierarchie verordnet werden, weshalb sie vielfach nur auf dem Papier steht und nicht gelebt wird.

Warum guter Rat meist zum Scheitern verurteilt ist

Die Ratgeberliteratur ist ein fester, leicht wachsender Bestandteil des Büchermarktes. Nahezu jedes 7. verkaufte Buch ist ein Ratgeber. Jedes Jahr kommen neue Titel zu denselben Themen hinzu. In Ratgebern stehen gute, hilfreiche und richtige Dinge, allerdings richten sie sich oft nur an den bewussten Verstand. Sie vermitteln Wissen und folgern daraus, was *jemand tun sollte*.

Wissen ist noch lange nicht wollen

Sobald es um Fragen der Selbstführung geht, stößt guter Rat jedoch an seine Grenzen. Rauchen ist hierfür ein Paradebeispiel: Jeder Raucher weiß, wie schädlich das Rauchen für die Gesundheit ist. Die Wenigsten rauchen aus voller Überzeugung. Die meisten haben in irgendeiner Form ein schlechtes Gewissen. Im Kontakt mit Nichtrauchern schwingt häufig ihre Entschuldigung mit, trotz des Wissens um die Gesundheitsgefahren nicht aufhören zu können.

Das zeigt deutlich: Es ist eben nicht ausschließlich das Wissen, das unser Verhalten steuert. Unbewusste Bedürfnisse und Gefühle sind sehr viel stärker handlungsleitend. Wie im Kap. „Warum Selbstführung immer auch Gefühlssache ist" schon erläutert, benötigt der bewusste Verstand gute Rahmenbedingungen, um das Verhalten zu steuern. Besondere körperliche Zustände wie Hunger, Durst oder Schlafmangel, starke Emotionen wie Wut oder Verliebtsein und nicht zuletzt Multitasking, bei dem wir zu viele Dinge gleichzeitig im Kopf haben, führen dazu, dass sich die unbewussten Bedürfnisse und Impulse durchsetzen. Raucher mit dem guten Vorsatz, weniger oder gar nicht zu rauchen, kennen das, wenn sie unter Stress dann doch wieder (häufiger) zur Zigarette greifen.

> Unsere alltäglichen Handlungen werden stärker durch Gefühle bestimmt als durch unser Wissen.

Wollen ist genauso wichtig wie wissen

Es ist nicht verwunderlich, dass so viele Ratgeber scheitern, eben weil sie sich nur an den Verstand richten und unser zweites Betriebssystem, das Unbewusste, gar nicht ansprechen. Zu diesem speziellen Problem, dem Problem, dass es den Ratgebern nicht gelingt, nachhaltige Verhaltensänderungen herbeizuführen, gibt es auch wieder eine eigene Sparte von Ratgeber-Literatur, die das Problem unter dem Stichwort „Umgang mit dem inneren Schweinehund" behandeln. Es gibt viele Ratschläge und Tipps, die aber immer noch einseitig ausgelegt sind und das Problem aus der Sicht des Verstandes behandeln. Schon die Wortwahl „innerer Schweinehund" ist eine massive Abwertung: „Die Sau macht nicht, was ich ihr sage."

Stellen Sie sich diese Situation bitte einmal in der Paartherapie vor:

Der Therapeut wendet sich an seine Klienten mit den Worten „Ihr Partner ist natürlich ein Schweinehund. Seien Sie ein bisschen nett zu ihm, umarmen Sie ihn … dann macht er auch wieder, was Sie ihm sagen." Glauben Sie, der Partner, über den gesprochen wird, fühlt sich ernstgenommen? Oder nicht doch eher massiv abgewertet? Wenn wir tatsächlich zwei Systeme haben, die unser Verhalten steuern, dann müssen wir beide Systeme ernst nehmen, wertschätzen und einbeziehen. Wenn es nun so ist, dass das unbewusste System über Gefühle und diffuse Körpergefühle (somatische Marker) kommuniziert, so besteht der erste Schritt darin, Gefühle und Körpergefühle in ihrer Bedeutung aufzuwerten. Prinzipiell stehen sie der Sprache des Verstandes gleichberechtigt gegenüber.

In Fragen der Selbstführung sind die eigenen Gefühle immer ein relevanter Faktor. Das ist auch keine neue Einsicht. Jeder, der mit Verhaltensänderungen zu kämpfen hat, beschäftigt sich mit der Regulation der eigenen Gefühle. Nachhaltig sind Veränderungen auch nur dann, wenn sie von guten Gefühlen begleitet werden. Nehmen wir noch einmal ein Beispiel aus dem persönlichen Bereich, weil solche Beispiele besonders plastisch sind: Eine dauerhafte Umstellung der Ernährung gelingt nur dann in ausreichendem Maße, wenn jemand dem empfohlenen Essen geschmacklich etwas abgewinnen kann, wenn es schmeckt. Ansonsten gilt das Zitat von Moshe Feldenkrais: Es ist leicht etwas zu verändern, aber schwer, nicht in alte Gewohnheiten zurückzufallen.

Bevor wir uns der Praxis zuwenden und einer Methode, die das unbewusste System in die Willensbildung und Zielsetzung aktiv einbezieht, geben wir dem bewussten Verstand noch etwas Material, um die Vorgehensweise verständlich zu machen. Schließlich handelt es sich bei ihm ja auch um ein sehr wertvolles und wichtiges System für eine gelingende Selbstführung. Wenn er sich auf die Methode einlassen kann, weil sie logisch aufgebaut und vernünftig ist, ist das schon die halbe Miete. Daher beschäftigen wir uns im Folgendem mit dem Verhältnis von Motivation, Gefühlen und der Nachhaltigkeit und mit konkreten Beispielen für eine motivierende Zielsetzung.

Warum es ohne Motivation nicht geht

Motivation ist ein relativ abstrakter Begriff, der den bewussten Verstand anspricht. Sie wird definiert als die Gesamtheit aller Beweggründe, ein bestimmtes Verhalten zu beginnen, fortzusetzen und auch bei Widerständen aufrechtzuerhalten.

Motivation scheint an sich also eine tolle Sache zu sein, nur wo bekommen wir sie jetzt her? Und schon sind wir wieder bei den beiden Systemen, die unser Verhalten steuern: Ich kann mir ein Ziel *setzen*, zum Beispiel einen bestimmten Umsatz zu machen oder mich in einem bestimmten Themengebiet zertifizieren zu lassen. Oder ich muss etwas tun, weil mich sonst negative Konsequenzen erwarten. In beiden Fällen erfolgt das Verhalten nicht aus eigenem Antrieb, sondern es wird von außen initiiert, was als extrinsische Motivation bezeichnet wird.

Angenommen, jemand sagt Ihnen: „Ich bin motiviert für meine Prüfung zu lernen, aber nicht aus eigenem Antrieb." Was sind Ihre spontanen Gedanken, wenn Sie das hören? Denken Sie: „Ah, wie schön, da ist jemand extrinsisch motiviert, ... dann wird ja alles gut?" Eher nicht. Sicher sagen Sie sich: „Der Mensch ist doch gar nicht motiviert!" Landläufig wird, vielleicht nicht zu Unrecht, Motivation immer mit Handeln aus eigenem Antrieb identifiziert, der intrinsischen Motivation. Bei dieser liegt der Wert der Handlung in der Handlung selbst. Tätigkeiten, die mir Freude machen, sind sehr stark mit der meiner Persönlichkeit verbunden. Ich muss mich nicht überwinden, sie zu beginnen, und auch bei Schwierigkeiten mache ich gerne weiter. Intrinsische Motivation ist daher sehr viel stabiler und nachhaltiger als die Motivation von außen.

Intrinsische Motivation

Beispiel: Der Highperformer

Bei einer Veranstaltung kam ich ins Gespräch mit einem Trainerkollegen. Er erzählte mir, dass er nur ca. 20 Tage im Jahr Seminare gibt, weil er im Hauptberuf Geschäftsführer einer Agentur mit ca. 100 Mitarbeitenden ist. Es sei ihm ein Anliegen, seine Erfahrung und sein Wissen in den Seminaren weiterzugeben. Allerdings sei es immer auch problematisch, wenn er die zwei Tage im Monat nicht im Tagesgeschäft sei. Das kann ich gut nachvollziehen, weil das Führen eines Unternehmens mehr als ein Vollzeitjob ist. Umso überraschter war ich dann, von seinem Hobby zu erfahren: Porsche-Sportwagen aus den 1960er-Jahren. Für das Thema ist er zum Blogger geworden, hat eine Community aufgebaut und besucht Treffen mit anderen Besitzern solcher Oldtimer. Er selbst fährt ein Modell aus der Zeit, pflegt und repariert es in der eigenen Werkstatt. „Woher nimmst du denn noch die Zeit dafür?“, fragte ich ihn. „Nun,“ sagte er, „es kann schon mal sein, dass ich so ein, zwei Monate nicht dazu komme, aber dann fange ich wieder an und mache weiter.“

Das Beispiel zeigt ein zentrales Merkmal der intrinsischen Motivation: Sie setzt sich durch. Sobald sich die Möglichkeit bietet, wird entsprechend gehandelt. Eine Unterbrechung von zwei Monaten? Kein Problem, weiter geht´s, die Sache macht einfach Spaß.

Extrinsische Motivation

Fehlt die intrinsische Motivation, braucht es äußeren Druck und Disziplin. Ein klassisches Beispiel dafür sind im Business Zielvereinbarungen.

Beispiel: Ehrgeizige Ziele

Die Geschäftsführung hat ehrgeizige Wachstumspläne und setzt dem Vertrieb hohe Umsatzziele für das folgende Jahr. Führungskräfte in der Sandwich-Position geraten dann schnell in ein Dilemma, wenn klar ist, dass diese Ziele nur durch erheblichen Mehraufwand realisierbar sind. Auf der einen Seite sind die Ergebnisse, die jeder einzelne Mitarbeiter erzielen muss, um wiederum das Abteilungsziel zu erreichen, von oben vorgegeben. Auf der anderen Seite brauchen sie die Unterschrift der jeweiligen Vertriebsmitarbeitenden unter den Zielvereinbarungen. Im Gespräch betonen sie deshalb zum einen die Bedeutung der Ziele für das Unternehmen und damit die Erwartung der Geschäftsführung, die Ziele zu erreichen. Sie bauen also Druck auf, bieten auf der anderen Seite aber auch Prämien für die Zielerreichung. Dem Mitarbeiter wird klar, dass er jetzt besser unterschreiben sollte, auch wenn ihm der Mehraufwand nicht gefällt. Die Motivation bleibt extrinsisch. Sie beruht auf äußeren Faktoren. Zeigt sich dann, dass die Ziele kaum zu erreichen sind oder zu weit in der Zukunft liegen, entsteht Unzufriedenheit und sie werden nicht weiter verfolgt.

Extrinsisch motivierte Ziele geraten bei Misserfolgen in einen Gegensatz zum Selbstbild. Entweder bin ich wohl offensichtlich doch nicht so gut, wie ich dachte, sonst hätte ich mein Ziel ja erreicht, oder ich stelle meine Persönlichkeit vielleicht etwas trotzig gegen das Ziel: Das Ziel passt nicht zu mir – auch wenn es eigentlich gut wäre, es zu erreichen. Beides sind Dynamiken, die mein Selbstvertrauen senken und mich von meinem Ziel entfernen.

Ist Motivation ein Gefühl?

Motivation ist kein Gefühl. Sie kann aber von unterschiedlichen Affekten und Gefühlen begleitet werden. Intrinsische und extrinsische Motivation fühlen sich anders an. Intrinsisch motivierte Tätigkeiten mache ich einfach gerne, während ich auf extrinsisch motivierte meist keine Lust habe. Das bedeutet, dass ich mich in irgendeiner Weise disziplinieren und überwinden muss, um sie auszuführen.

„Wenn du liebst, was du tust, wirst du im Leben nie wieder arbeiten müssen." Das ist ein schönes Motto für ein ideales Berufsleben. Aber eben nur ein Ideal. Auch wenn wir unsere Arbeit gerne mögen, sind ab und an auch unangenehme Pflichten und Aufgaben damit verbunden, denen wir lieber ausweichen. Eine Führungskraft, die nicht gerne Kritikgespräche führt, kann ein geschätzter Vorgesetzter sein – aber es entstehen dann eben auch Bereiche, in denen die Leistungen des Teams unter seinen Möglichkeiten bleibt. Für einen Vertriebler ist es entscheidend, dass er gut verkauft. Hält er jedoch die Dokumentation für irrelevant, wird er früher oder später ein massives Problem bekommen. Solche individuellen Schwachstellen verlangen (Selbst-)Führung. Die Qualität der (Selbst-)Führung misst sich am erfolgreichen Umgang mit den unangenehmen Aufgaben.

Motivation ist kein Gefühl, aber es ist möglich, über Gefühle einen Zugang zur Motivation gewinnen. Das verlangt eine gute Gefühlsregulierung. Spontan können bestimmte Aufgaben Unlust hervorrufen. Gelingt es jedoch in einer zweiten Reaktion, diese Unlust zu regulieren, mit angenehmen Gefühlen in Kontakt zu bringen, dann ist es möglich, einen stärkeren inneren Antrieb zu entwickeln, genau solche unangenehmen Aufgaben anzugehen und zu erledigen. Dass wir dazu in der Lage sind, bestätigen auch die Erkenntnisse aus der Neurobiologie. Sie geht davon aus, dass unser Gehirn nicht trennt zwischen Verstand und Gefühl, sondern dass unterschiedliche Areale im Gehirn miteinander in Beziehung stehen und sich gegenseitig beeinflussen. So wird plausibel, dass es auch möglich ist, über die Regulation von Gefühlen Zugänge zur intrinsischen Motivation zu finden. Allerdings, das versteht sich von selbst, sind es sehr individuelle Prozesse, die auf diese Weise angestoßen werden.

Ziele, die motivieren

Wenn ich ein bestimmtes Ergebnis erreichen will, kann ich meine Absicht auf unterschiedliche Weise als Ziel formulieren: auf Verhaltensebene, aber auch auf einer Haltungsebene.

Wie unsere Haltung unser Handeln beeinflusst

Eine Haltung ist eine Grundeinstellung. die in passenden Situationen unsere Entscheidungen beschleunigt und spontan die Kraft und Energie liefert, um entsprechend zu handeln bzw. zu kommunizieren. Haltungen beruhen auf Erfahrung, wobei viele Grundeinstellungen auch durch die Erziehung vermittelt werden.

Beispiel: Wie die Haltung unser Handeln beeinflusst

„Klarheit geht über Harmonie“ Wenn eine Führungskraft diese Haltung hat, will sie, unabhängig von den beteiligten Menschen, stets genau wissen, was vor sich geht im Unternehmen. Sie wird klar ansprechen, welche Erwartungen sie hat, mit welchen Leistungen sie zufrieden ist und wo sie Verbesserungsbedarf sieht.

Bei einer Führungskraft, die die Einstellung „Leben und leben lassen“ hat, wird die Kommunikation eine andere sein. Sie wird Probleme, die sie als Kleinigkeiten einschätzt, eher nicht ansprechen. Kritik könnte die Stimmung verschlechtern. Das harmonische Miteinander wird als wichtiger erachtet. Auch diese Haltung hat großen Einfluss auf den Führungsstil.

Am besten wäre es natürlich, wenn eine Führungskraft zwischen diesen Haltungen wechseln und sich damit entscheiden könnte, wann Klarheit hergestellt werden muss und wann sie die Dinge laufen lassen kann.

Haltungen können sich auch ergänzen. Um das eigene Verhaltensspektrum zu erweitern, um Wahlfreiheit zu bekommen, kann es durchaus sinnvoll sein, eine gegenläufige Haltung zu entwickeln, die die bisherige komplementär ergänzt.

Warum es besser ist, sich Ziele auf Haltungsebene zu setzen

Ein Ziel auf Haltungsebene hat eine ganz andere Zielbindung als Ziele auf Verhaltensebene. Das zeigt das folgende Beispiel: Angenommen, ich habe die Absicht, Geld zu sparen.

Dazu könnte ich folgende Ziele auf Verhaltensebene formulieren:

- Ich tanke nur zu den relativ günstigen Zeiten.

- Wenn ich einkaufen gehe, nehme ich einen eigenen Beutel mit.

Das Ziel auf Haltungsebene formuliert würde lauten:
Ich bin sparsam.

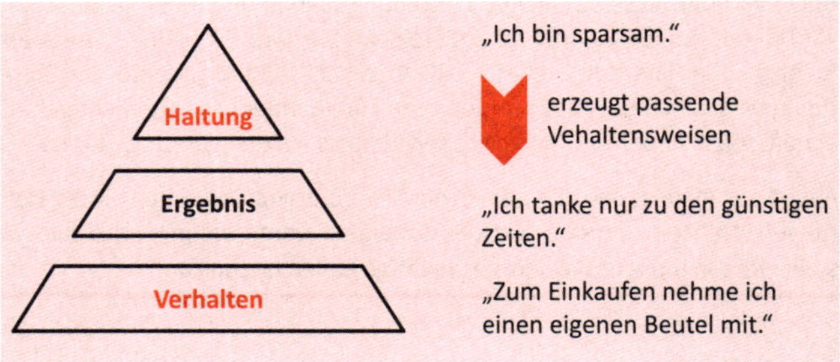

Wenn ich sage: „Ich bin sparsam", dann identifiziere ich mich damit. Mit dieser Einstellung sind Werte verbunden, die mir wichtig sind. Ziele auf Haltungsebene kann ich intuitiver umsetzen als Ziele auf Verhaltensebene. *Selbstverständlich* achte ich jedes Mal, wenn ich an einer Tankstelle vorbeifahre, darauf, was das Benzin gerade kostet. Und ich schaue wie voll mein Tank ist, wieviel Zeit ich habe, um zu entscheiden, ob ich jetzt tanke oder lieber zu einem späteren Zeitpunkt. Und selbstverständlich nehme ich zum Einkaufen einen Beutel mit. Ich muss mir kein Post-it an die Wohnungstür kleben: „Einkaufen: Beutel dabei?"

Jedes Mal, wenn mein Handeln meiner Haltung entspricht, erzeugt das positive Gefühle in mir: Ich freue mich wie Bolle, wenn ich im Supermarkt an der Kasse meinen Beutel aus der Tasche ziehe – weil ich mir keinen kaufen muss.

Auch der Umgang mit Misserfolgen ist ein anderer: Stelle ich an der Kasse fest, dass ich meinen Beutel vergessen habe, dann ärgert mich das. Aber ich beginne nicht, mein Selbstbild infrage zu stellen, á la: „Du wärst ja gerne sparsam, aber du bist es doch gar nicht. Wenn du wirklich sparsam wärst, dann hättest du doch den Beutel dabei. Mach dir mal nichts vor, sparsam bist du nicht." Sondern das Gegenteil ist der Fall: Ich ärgere mich, dass ich den Beutel vergessen habe – und nächstes Mal denke ich ganz bestimmt daran, ihn mitzunehmen! Das bedeutet, dass Misserfolge nicht zu einer Änderung meiner Grundeinstellung führen, sondern mein Ärger setzt Energie frei dafür, meine Haltungsziel tatsächlich auch zu leben.

Ein Ziel auf Haltungsebene ist sehr viel robuster und verfügt über eine stärkere Resilienz als ein auf der Verhaltensebene formuliertes Ziel.

Fasse ich meine Absicht, Geld zu sparen auf der Verhaltensebene, benötige ich sehr viele Verhaltensziele, weil Verhalten immer sehr konkret ist. Geld sparen im Alltag lässt sich beim Tanken, beim Einkaufen. Es gibt aber noch dutzende Möglichkeiten mehr. Wenn ich jedoch die innere Einstellung habe, sparsam zu sein, werden in vielen Situationen ganz automatisch passende Verhaltensweisen erzeugt. So stelle ich zum Beispiel im Supermarkt beim Vergleichen der Preise fest, dass unten im Regal die günstigeren Angebote stehen. Ganz automatisch wird daher beim Einkaufen mein Blick auch immer nach unten gehen. Deshalb wurde in der Grafik oben auch die Dreiecksform gewählt, um darzustellen, dass bereits eine Haltung ausreicht, um zum gewünschten Ergebnis zu kommen, während ich viele Verhaltensziele brauche, um dieses Ergebnis zu erreichen.

Im Business wird viel mit Zielen auf Verhaltensebene gearbeitet, den so genannten SMARTen-Zielen. Das Akronym SMART steht für Spezifisch, Messbar, Aktiv erreichbar, Realistisch, Terminiert. Solche Ziele haben den Vorteil, dass sie sehr konkret sind. Hinterher lässt sich genau entscheiden, ob das Ziel erreicht worden ist oder nicht. Mit SMART formulierten Zielen lässt sich auch sehr gut rechnen und ein Gesamtergebnis prognostizieren. Bisweilen ist auch eine variable Vergütung an das Erreichen dieser Ziele gekoppelt. Auch deshalb müssen die Ziele objektiv formuliert werden, damit Eindeutigkeit entsteht. SMARTe Ziele erhöhen die Ausführungsgenauigkeit. Unter motivationalen Gesichtspunkten muss man allerdings feststellen, dass sie nicht motivierend wirken. Die Motivation wird vorausgesetzt, damit an der Genauigkeit gefeilt werden kann.

Haltungsziele haben eine ganz andere Wirkung auf die Zielbindung und damit auch auf die Motivation. Ein Verhalten in Einklang mit der Haltung wird von positiven Effekten begleitet und die Umsetzung erfolgt sehr viel intuitiver, ohne jedes Mal bewusst Willenskraft aufwenden zu müssen. Aufgrund dieser Eigenschaften werden sie auch als Motto-Ziele bezeichnet.

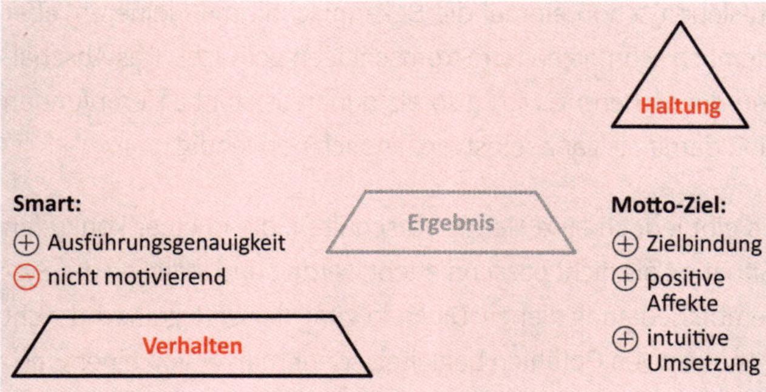

Der Unterschied entspricht in etwa dem zwischen einem Vorbild und einer Vorschrift: Angenommen, Sie sind in einer schwierigen Situation. Um eine Lösung zu finden, besinnen Sie sich auf Ihr Vorbild, Ihre ehemalige Chefin. Sie fragen sich: „Was würde sie jetzt tun?“, und sich dann für eine ähnliche Handlungsweise entscheiden. So ein Vorbild wirkt motivierend, es bringt die Energie für eine Handlung mit. Sie werden auch eine gewisse Zuversicht verspüren, weil Sie eine hohe Meinung von Ihrer ehemaligen Chefin haben und für Ihr Handeln von einer ähnlichen positiven Resonanz ausgehen.

Anders ist es mit Vorschriften. Sie werden meist als etwas Fremdes, als etwas nicht zur Person Gehörendes wahrgenommen. Natürlich gibt es sinnvolle Vorschriften, die dann aber nicht als Vorschrift ins Bewusstsein treten. Bevor der Elektriker an einer Stromleitung arbeitet, schaltet er die Sicherung aus. Das tut er aber nicht, weil es eine Vorschrift ist, sondern weil die Arbeit sonst lebensgefährlich wäre. Vielleicht hat er auch in seinem Berufsleben schon einmal die Bekanntschaft mit kleineren, aber ziemlich schmerzhaften Stromschlägen gemacht. Das Abschalten der Sicherung wird also als durchaus sinnhaft empfunden und damit als ganz selbstverständlich notwendig.

Es gibt jedoch eine Menge Vorschriften, die in einer konkreten Situation als nicht passend erlebt werden und lediglich der Systembefriedigung dienen. Die Befolgung dieser Regeln wird nicht von positiven Gefühlen begleitet, sondern eher von einem resignierten Achselzucken. Vorschriften wollen auch nicht motivieren, sondern sicherstellen, dass bestimmte Regeln eingehalten werden.

Ressourcen: viel nachhaltiger als Disziplin

Um neue Gewohnheiten zu etablieren, werden meist Disziplin und Ausdauer empfohlen. Viel einfacher gelingt Änderung, wenn man das unbewusste System, das die Gewohnheiten speichert, von Anfang an in den Prozess der Veränderung mit einbezieht. Die Methode des Zürcher Ressourcenmodells (ZRM®) eignet sich dazu hervorragend. In diesem Kapitel

- lernen Sie diese Methode und ihre Tools näher kennen und
- erfahren Schritt für Schritt, wie Sie sie anwenden,

Das Zürcher Ressourcen Modell

Das Zürcher Ressourcen Modell (ZRM®) wurde Anfang der 1990er-Jahre von den Psychologen Dr. Maja Storch und Dr. Frank Krause an der Universität in Zürich entwickelt. Es ist eine Methode der Psychoedukation, die es Menschen ermöglicht, ihre individuellen Bedürfnisse zu erkennen und entsprechend zu handeln. Bei der Entwicklung des Modells wählten die beiden Begründer einen mehrere klassische Schulen der Psychologie aufgreifenden Ansatz. Sie verbanden darin beispielsweise psychoanalytische Ansätze und verhaltenstherapeutische Methoden. Ebenso entwickelten sie dafür ein etabliertes Modell der Motivationspsychologie weiter. Und auch die Psychodrama-Methode, die als handlungsorientierter Gegenentwurf zur Psychoanalyse geschaffen worden war, fand Eingang in das ZRM®. Zudem sind in die theoretische Grundlage des Modells Erkenntnisse der Neurobiologie eingeflossen.

Was leistet die Methode des Zürcher Ressourcenmodells?

Das Zürcher Ressourcenmodell (ZRM®) trainiert „die Fähigkeit, sich zielgerichtet und im Alltag zur eigenen Zufriedenheit zu bewegen“.

Im Hinblick auf die Selbstführung enthält diese Definition die Elemente, die für eine nachhaltige Veränderung in der persönlichen Entwicklung entscheidend sind (siehe hierzu Kap. „Zwei Arten der Selbstführung").

zielgerichtet	beinhaltet die Motive des bewussten Systems, welches auch immer die Zukunft im Blick hat.
sich im Alltag zu bewegen	trägt der Erkenntnis Rechnung, dass circa 70 % unserer Handlungen nicht bewusst passieren, sondern automatisch, vom unbewussten System, gesteuert werden.
zur eigenen Zufriedenheit	bedeutet, dass ich im Nachgang mit meinem Handeln grundsätzlich zufrieden sein kann. Das impliziert, dass auch mein unbewusstes System in Richtung der bewussten Ziele ausgerichtet ist.
die Fähigkeit	sich zielgerichtet und im Alltag zur eigenen Zufriedenheit bewegen zu können, signalisiert eine hohe Umsetzungskompetenz, derart, dass die Kraft und Energie für die erwünschten Handlungsweisen vorhanden sind.

Das Zürcher Ressourcenmodell wird kompakt formuliert im sogenannten *Rubikon-Prozess*. Damit bezieht es sich auf einen Vorläufer in der Motivationspsychologie, nämlich das *Rubikonmodell der Handlungsphasen*. Die Motivationspsychologen Heinz Heckhausen und Peter M. Gollwitzer haben in diesem Modell vier Phasen beschrieben, die eine Idee bis zur Umsetzung bzw. Bewertung der Handlung durchläuft. Basierend auf neurowissenschaftlichen Erkenntnissen fügten Storch und Krause diesen Phasen eine weitere Station hinzu, nämlich die unbewussten Bedürfnisse.

Für den Namen Rubikon-Prozess stand eine Anekdote über Julius Cäsar Pate. Als Cäsar im Jahr 49 v. Chr. mit seinen Truppen aus Gallien zurückkehrte, schlug er sein Lager am Flüsschen Rubikon auf, das als Bannmeile der Stadt Rom galt. Feldherren war es strikt untersagt, mit ihren Truppen den Fluss zu überqueren. Caesar stand vor einer schweren Entscheidung. Sollte er mit seinen Truppen den Fluss überqueren? Ihm war bewusst, dass er im Falle einer Überschreitung des Rubikons nur zwei Optionen hatte: entweder sich zum Alleinherrscher Roms zu machen, oder wegen Hochverrats hingerichtet zu werden. Überlieferungen beschreiben, dass Cäsar mehrere Tage auf und ab gegangen sei, abgewogen und schließlich seine Entscheidung getroffen habe mit den berühmten Worten „Alea iacta est" – „Der Würfel ist gefallen". Er überquerte mit seinen Truppen den Fluss – eine Entscheidung, die nicht mehr rückgängig zu machen war. Die Überquerung des Rubikons steht damit für den *Point of no Return*.

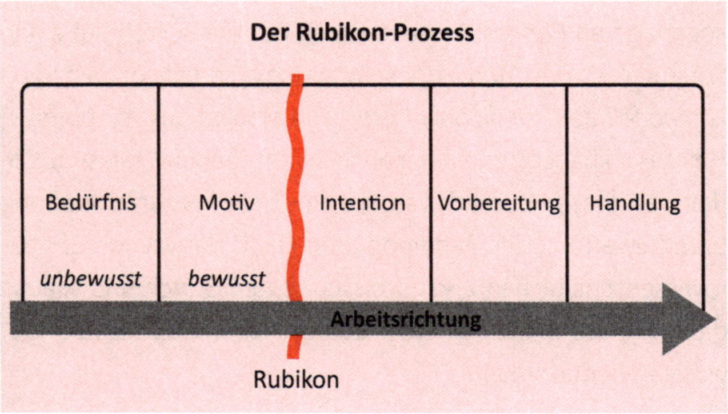

Im Rubikon-Prozess ist die Phase des Abwägens in zwei Teile unterteilt:

- Unbewusstes Bedürfnis: Ein erstes **Bedürfnis** muss noch nicht ins Bewusstsein vorgedrungen sein. Es kann sich z. B. über einen somatischen Marker bemerkbar machen: Ich habe das Gefühl, dass mir irgendetwas fehlt, ich kann es aber noch nicht in Worte fassen.
- Bewusstes Motiv: Sobald wir es ausdrücken (oder: sprachlich fassen) können, handelt es sich um ein **bewusstes Motiv**.
- **Rubikon**: Der Rubikon, in der Grafik als dicker schwarzer Balken dargestellt, bedeutet, dass eine Entscheidung gefallen ist.
- Es besteht jetzt ein **fester Willen** (Intention), das Motiv in die Tat umzusetzen.
- Dies kann entweder gleich passieren, oder es bedarf einer **Vorbereitung**, z. B. einer Planung, bevor es zur Umsetzung in die Handlung kommt.

Der Rubikon-Prozess gibt uns mit seiner vorgegebenen Arbeitsrichtung Orientierung, die erwünschten persönlichen Veränderungen nachhaltig in die Umsetzung zu bringen.

1 Eigene Bedürfnisse ermitteln

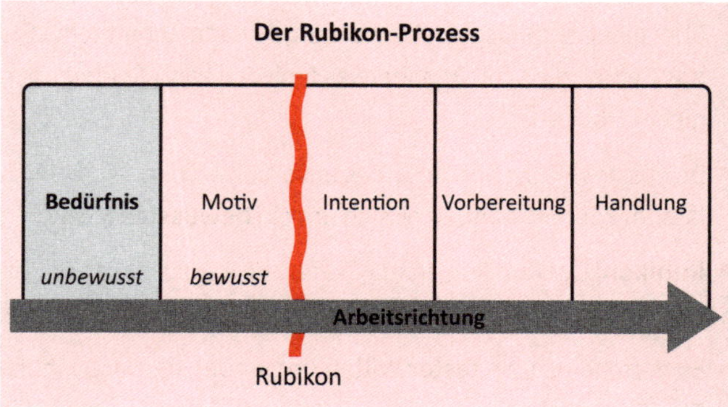

Das unbewusste System kommuniziert, wie im Kap. „Zwei Systeme steuern unser Verhalten" geschildert, über Bilder und somatische Marker. Das geschieht sowohl in der Wahrnehmung als auch im Ausdruck innerer Zustände. Wenn ich sage „Die haben mich gerade ganz schön in die Mangel genommen", so ist das eine bildhafte Sprache.

Beispiel: Unbewusstes Bedürfnis

Ein Projekt, an dem ich beteiligt bin, ist in einer schwierigen Phase. Es wurden Fehler gemacht, an denen auch ich nicht ganz unbeteiligt war. Ich stehe ziemlich unter Druck. In der Mittagspause schlendere ich durch die Postkartenabteilung einer großen Buchhandlung. Zufällig bleibt mein Blick auf einer der über 100 Postkarten hängen, einem Bild von einem Adler, der in den Lüften schwebt. Ja, denke ich, so würde ich mich jetzt auch gerne fühlen: über den Dingen schweben, mich von warmer Luft tragen lassen, den Überblick behalten und aus der Adlerperspektive mit scharfen Augen auf die Welt blicken. Ich bemerke, wie mich diese Gedanken lächeln lassen. Ich kaufe die Karte – weil sie mein Bedürfnis nach Abstand, Entspannung und

Sicherheit schon ein Stück weit erfüllt. Ich fühle mich schon so, *als ob* ich den Abstand gewonnen hätte.

Zurück im Büro schaue ich das Bild des Adlers an und arbeite so, *als ob* ich Abstand und Überblick hätte. Tue ich jetzt nur so, als ob ich bereits Abstand und Überblick gewonnen hätte oder habe ich beides tatsächlich? In der Praxis macht diese Ob-oder-ob-nicht-Unterscheidung wenig Sinn; mit etwas Selbstbeobachtung merke ich ja, dass ich Abstand gewonnen habe. Das „Als ob" funktioniert in diesem Kontext wie der erste Schritt einer selbsterfüllenden Prophezeiung.

Somatische Marker: Indikatoren für Ressourcen

Wie finden Sie nun ein passendes Bild, das Ihnen Ihre Bedürfnisse und Ressourcen aufzeigt? Wenn Sie sich zum Beispiel Bilder aus einer Bilddatenbank anschauen, sind die somatischen Marker Indikatoren, anhand derer das unbewusste System das passende Bild auswählt. Genauer gesagt sind es positive somatische Marker, an denen wir uns orientieren.

Positive somatische Marker sind individuell sehr unterschiedlich. Es kann sein, dass ein Bild, das Sie betrachten, in Ihnen Freude auslöst, so dass es Sie lächeln lässt. Oder Sie haben das Gefühl, dass ein Bild Sie „anspringt" und Sie es auch, wenn Sie schon längst andere Bilder betrachten, nicht mehr aus dem Kopf bekommen. Sie haben vielleicht das Gefühl, es wolle förmlich zu Ihnen.

Möglicherweise schaltet sich dann auch schnell der Verstand wieder ein, der Ihre Wahl bewertet. Vielleicht kommen Ihnen

Gedanken wie: „Das Bild hat doch gar nichts mit deinem Thema zu tun“, oder: „Was willst du denn mit dem kitschigen Tierbild?“ Vielleicht stören Sie auch ästhetische Aspekte, zum Beispiel die Farben oder dass bei einem anderen Bild der Bildausschnitt sehr viel interessanter gewählt ist. Würdigen Sie die Einwände Ihres Verstandes – aber bleiben Sie bei dem Bild, welches Sie auf den ersten Blick positiv angesprochen hat.

> Vertrauen Sie der Wahl Ihres Unbewussten, vertrauen Sie Ihren somatischen Markern.

Menschen, die sehr spontan sind und impulsiv reagieren, fällt es sehr leicht, so vorzugehen. Eher zögerliche, abwägende Menschen sind darin vielleicht nicht so geübt. Dem Unbewussten im Alltag mehr Raum zu geben, lässt sich jedoch trainieren. Sie finden im Kap. „Tools für zwischendurch“ einige Möglichkeiten, wie Sie Ihr Gespür für Ihre somatischen Marker verfeinern können.

Urlaub für den Verstand

Der Rubikon-Prozess beginnt mit einer Frage an das Unbewusste. Der Verstand, das Bewusste, wird für diesen ersten Schritt nicht gebraucht. Damit das Unbewusste gut arbeiten kann, ist es hilfreich, den Verstand gewissermaßen in Urlaub zu schicken, den Kopf frei zu machen.

Am besten nutzen Sie dazu Methoden, die Sie bereits kennen und die Ihnen zusagen. Das können Entspannungstechniken wie Qi-Gong, Yoga oder Meditation sein. Vielleicht ist es aber auch nur ein kurzer Spaziergang oder es sind monotone Tätigkeiten im Haushalt, bei denen Sie abschalten können. Oder Sie suchen im Internet nach kurzen Meditationen zur Entspannung. Was immer Sie wählen, es geht darum, in eine neutrale Stimmung zu kommen, etwa so, wie der Keks bei der Weinprobe die Sensibilität für neue Aromen erhöht.

Bildauswahl: Anleitung für eine offene Fragestellung

Vielleicht wissen Sie gar nicht so genau, was Sie stört. Sie haben ein etwas mulmiges oder unzufriedenes Gefühl, ohne genau zu wissen, weshalb. Im Grunde ist alles in Ordnung, aber es ist Ihnen gewissermaßen „die Jacke im Job zu klein geworden". Vielleicht steht Ihnen aber auch ein neuer Schritt in Ihrem Leben bevor – eine Stelle mit mehr Verantwortung in einem anderen Unternehmen, eine neue Lebensphase –, und Sie wissen noch nicht genau, was Sie erwartet. In Fällen dieser Art können Sie den Rubikon-Prozess ganz offen beginnen: Lassen Sie sich überraschen, welche Bedürfnisse und Ressourcen das Unbewusste für Sie entdeckt. Ausgangspunkt ist die bereits beschriebene spontane Auswahl eines Bildes.

Gut geeignet für diesen Schritt sind Bildkarteien, die positive und vielfältige Motive enthalten. Oder Sie nutzen einfach das Online-Tool der Entwickler des Zürcher Modells, das ebenfalls eine Auswahl von Bildern enthält:

https://zrm.ch/zrm-online-tool-deutsch/

Wählen Sie das Bild, bei dem Sie den stärksten positiven somatischen Marker spüren. Vielleicht haben Sie aber auch bei zwei Bildern ein gutes Gefühl, können sich nicht entscheiden und wollen keinen Fehler machen? Sie müssen nicht unbedingt eines der beiden auswählen. Nicht selten kommt man im weiteren Verlauf des Prozesses zu denselben Ressourcen, auch wenn die Bilder unterschiedlich aussehen. Die Arbeit mit zwei Bildern ist zwar etwas aufwendiger, weil Sie die folgenden Schritte doppelt machen müssen. Aber Sie werden dann auch schnell die Gemeinsamkeiten und vielleicht auch Ihre Präferenz entdecken. Sie können aber auch noch einen zweiten Anlauf nehmen. Werfen Sie auf beide Bilder jeweils einzeln nur einen ganz kurzen Blick. Das unbewusste System ist schnell – spüren Sie bei einem der beiden vielleicht doch einen etwas stärken Impuls?

Auswertung der Bildwahl

1. Was spricht Sie an, weshalb wohl haben Sie dieses Bild gewählt? Notieren Sie sich Ihre Ideen stichwortartig auf einem Blatt.

Ihr unbewusstes System hat dieses Bild ausgewählt, weil es darin die Ressourcen sieht, die Ihren Bedürfnissen entsprechen und die Sie für Ihre Situation benötigen. Erste Ideen dazu haben Sie gerade notiert. Mit Sicherheit gibt es aber auch noch mehr in dem Bild zu entdecken. *Ein Bild sagt mehr als 1.000 Worte*. Garantiert verbergen sich noch weitere positive Ressourcen in dem Bild, die Ihnen nur (noch) nicht bewusst sind – das Bild wurde ja schließlich von Ihrem Unbewussten ausgewählt. Für die nächsten Schritte ist es jedoch wichtig, sich genau diese Inhalte bewusst zu machen. Sie fragen sich, wie Sie sich Dinge bewusst machen können, die *per definitionem* unbewusst sind? Indem Sie andere Menschen fragen! Freunde, Bekannte, Kollegen entdecken in dem Bild andere Aspekte als Sie, solche, die vielleicht auch Ihr Unbewusstes angesprochen hat.

2. Fragen Sie andere Menschen, was sie in dem Bild sehen, und sammeln Sie deren Ideen. Sie können
   - benennen, was zu sehen ist.
   - sich auf Farben, Formen und Strukturen beziehen.
   - sinnliche Assoziationen beschreiben (Geräusche, Düfte und Ähnliches).
   - abstrakte Begriffe wählen.

> Sagen Sie Ihren Gesprächspartnern vorab, dass sie nur positive Ideen nennen dürfen und auch keine Witze mit negativen Assoziationen machen sollen.

Notieren Sie die Ideen von anderen ebenfalls auf Ihrem Arbeitsblatt.

Auswertung der Bildwahl – Arbeitsblatt

....		....
....		....
....		....
....		....
....		....
....		....
....		....
....		....

Bildauswahl: Anleitung für ein konkretes Thema

Vielleicht sind Sie sich einer bestimmten Schwäche bereits sehr bewusst und würden gerne an dieser arbeiten. Vielleicht haben Sie einen Kollegen, mit dem Sie permanent in Konflikt geraten, was Sie jedes Mal sehr emotional reagieren lässt und Ihnen schadet. In solchen akuten Situationen und Ausgangslagen kommt es darauf an, möglichst schnell zu einer angemessenen Zweitreaktion zu kommen. Sie wollen eine neue Haltung entwickeln, die Ihnen hilft, Ihre eigenen Gefühle besser zu regulieren. Vielleicht sehen Sie sich auch mit unangenehmen Aufgaben und Pflichten konfrontiert, die mit Ihrer Arbeit verbunden sind und die Sie sehr belasten. Vielen Führungskräften fällt es zum Beispiel schwer, Kritik an ihren Mitarbeitenden zu üben, auch wenn sie wissen, dass es gut und sinnvoll wäre. Oder die Erledigung bestimmter Aufgaben kostet Sie jedes Mal viel Überwindung, so z. B. die Arbeit mit einer bestimmten Software. Vielleicht haben

Sie auch die starke Neigung, wichtige Aufgaben vor sich her zu schieben.

Möchten Sie konkrete Themen wie diese bearbeiten, können Sie auf die bereits beschriebene Methode der Bildauswahl mit Bilderkarteien zugreifen. Sehr gut eignet sich jedoch auch die sogenannte Wunschelemente-Technik, die Sie im Folgenden kennenlernen. Sie arbeitet mit inneren Bildern. Über Analogien erschließen Sie sich einen Zugang zu Ihrem inneren Bilderschatz, um daraus wiederum passende Ressourcen zu ermitteln.

Vorbilder

Den ersten Schritt der Wunschelemente-Technik bildet die Frage nach Vorbildern: Gibt es Menschen, die mit dem Thema, das Sie beschäftigt, so umgehen, wie Sie es auch gerne tun würden? Gibt es in Ihrer Familie und Verwandtschaft solche Vorbilder? Oder finden Sie sie in Lehrern, Ausbildern oder Vorgesetzten? Vielleicht im Freundes- und Kollegenkreis?

Auch fiktive Personen aus Filmen, Serien, Romanen oder Comics können als Vorbilder dienen. Oder Menschen aus der Geschichte, deren Biografie Sie kennen und die Sie beeindruckt haben.

Über welche Fähigkeiten und Qualitäten verfügen diese Personen, damit sie für Sie Vorbildcharakter haben können?

Vorbilder		Positive Qualitäten der Personen
....		....
....		....
....		....
....		....
....		....
....		....
....		....

Wunschelemente

In der folgenden Übersicht sind Kategorien aufgeführt. Ordnen Sie diesen Kategorien spontan Begriffe zu, die Ihnen zu Ihrem Thema einfallen. Beschreiben Sie, welche positiven Eigenschaften Sie mit diesen Wunschelementen assoziieren, die Sie für die konkrete Situation gebrauchen könnten.

Kategorie	Wunschelement	Positive Eigenschaften
Pflanze	....	....
	....	....
Landschaft	....	....
	....	....
Tier	....	....
	....	....
Fahrzeug	....	....
	....	....
Kleidungs-stück	....	....
	....	....
Möbel	....	....
	....	....
Musik	....	....
	....	....

Auswertung der gesammelten Ressourcen (für beide Vorgehensweisen

Jetzt haben Sie idealerweise einen üppig gefüllten Korb mit Ideen. Nicht alle sind jedoch gleich wichtig. Bei einigen haben Sie vielleicht schon somatische Marker gespürt, sich zum Beispiel gefreut, als sie Ihnen eingefallen sind. Andere wirken möglicherweise eher neutral auf Sie. Für die Auswertung und zur Priorisierung der Ideen wird wiederum das Unbewusste zu Rate gezogen, diesmal in Form einer Affektbilanz.

Die Affektbilanz ist eine genuine Neuentwicklung des ZRM®. Sie trägt der Erkenntnis Rechnung, dass es im Gehirn zwei Regionen gibt, in denen Gefühle erzeugt werden. Die Region um den sogenannten Nucleus accumbens beschäftigt sich dabei ausschließlich mit den positiven Gefühlen, während die Region um die sogenannte Amygdala nur mit den negativen beschäftigt ist.

Wenn es diese zwei Regionen im Gehirn gibt, so ein Grundgedanke der Urheber der Affektbilanz, braucht es auch zwei Skalen, um Gefühle abzubilden. Auf diese Weise können auch ambivalente Gefühle realitätsnah abgebildet werden, wenn gleichzeitig positive und negative Emotionen vorhanden sind. Auf den Skalen lässt sich die Intensität der Gefühle abbilden. Auch kann die Einschätzung damit sehr spontan vorgenommen werden.

> Eine ausführliche Beschreibung der Affektbilanz und ihrer Verwendungsmöglichkeiten, finden Sie im Kap. „Tools für zwischendurch".

Für die Auswertung des Ideenkorbs unterziehen Sie alle Wörter, die Sie oben in der Wunschelemente-Übersicht zusammengetragen haben, einer Affektbilanz. Markieren Sie danach alle Begriffe, die 0 negativen und 70 und mehr positiven Affekt haben.

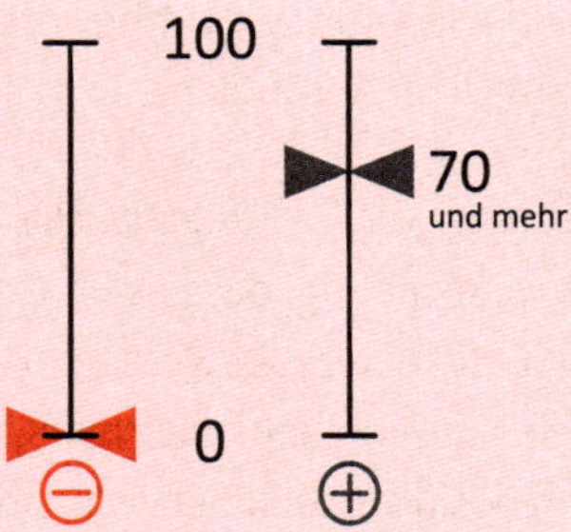

Die Affektbilanz

Führen Sie sich dabei stets vor Augen: Das unbewusste System ist schnell. Denken Sie nicht zu lange über einzelne Wörter nach. Irgendein Haar in der Suppe lässt sich wahrscheinlich immer finden. Achten Sie nur auf Ihre somatischen Marker. Haben Sie keine negativen Gefühle? Wunderbar. Verbinden Sie viel Positives mit dem Wort, ist Energie und Leidenschaft darin? 70 und mehr? Wunderbar, mit diesen Wörtern wollen wir weiterarbeiten.

2 Das eigene Motiv erkennen

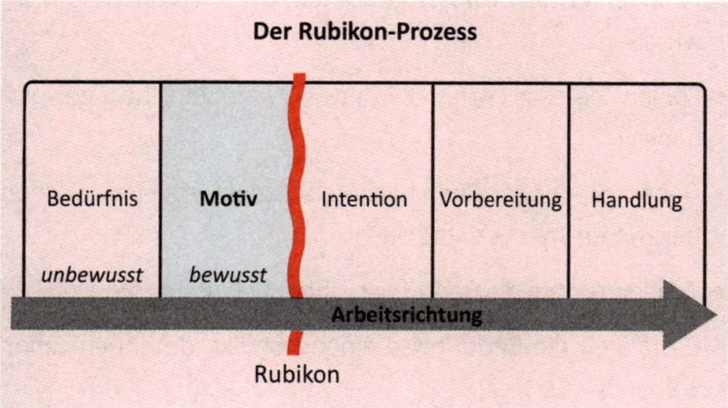

Sie haben Ihre Lieblingswörter gefunden, Wörter, die ein starkes positives Gefühl erzeugen. Diese Begriffe können dem Verstand wertvolle Hinweise darauf geben, welche Bedürfnisse unbewusst vorhanden sind, welche Ressourcen gebraucht werden. Das bietet eine gute Möglichkeit zur Selbstreflexion. Nehmen Sie sich Zeit und notieren Sie die Antworten auf folgende Frage auf Ihrem Arbeitsblatt.

Warum reagiert mein Unbewusstes positiv auf diese Wörter?

....

....

....

....

....

....

....

....

In welche Richtung gehen Ihre Gedanken?

- Ist Ihnen etwas bewusst geworden, was Sie vorher so nicht wussten?
- Fühlen Sie sich bestätigt in etwas, was Sie schon gewusst haben?
- Haben Sie noch einen weiteren Aspekt zu einem schon bekannten Thema entdeckt?
- Widersprechen die Bedürfnisse Ihren bewussten Motiven?
- Bestätigen die Bedürfnisse einen Konflikt, der Ihnen schon vorher bewusst war?

Nutzen Sie die Erkenntnisse aus dieser Selbstreflexion und formulieren Sie jetzt, unter Zuhilfenahme Ihrer Lieblingswörter, einen Wunsch.

Wünsche müssen nicht logisch sein, sondern dürfen auch widersprüchlich wirken. Man darf „fest verwurzelt fliegen“ wollen oder „dynamisch in seiner Mitte ruhen“. Wünschen darf man sich alles. Ein Satz, der Ihren Wunsch in Worte fasst (es dürfen auch mehr sein, aber bleiben Sie bei Ihren Lieblingswörtern) beginnt idealerweise mit: Ich wünsche/ich brauche/ich möchte oder ich will …

....

....

....

....

....
....
....
....

3 Die neue Haltung

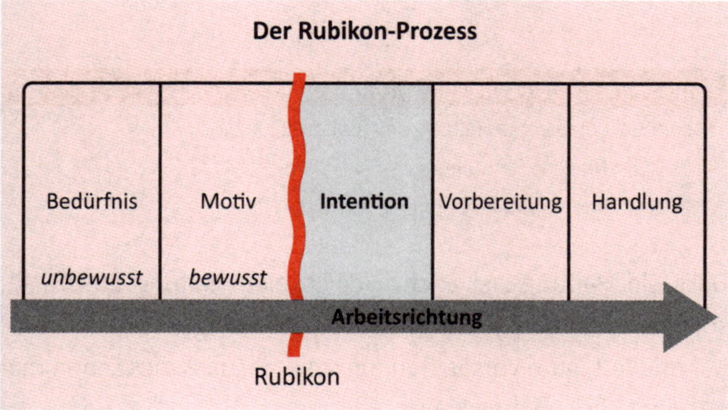

Begonnen haben Sie mit einem konkreten Problem oder einem diffusen Unbehagen. Mit der Formulierung eines Wunsches haben Sie bereits einen Wendepunkt erreicht: Sie haben eine positive Vorstellung von der Zukunft formuliert. Aber damit ist noch nicht klar, was stattdessen denn sein soll.

Im nächsten Schritt geht es darum, den Rubikon zu überqueren, d. h. ein Ziel auf Haltungsebene zu formulieren. Damit befinden wir uns im Feld der Intention, der Bildung eines echten Willens. Ziele, die von beiden Systemen, bewusst und unbewusst, getragen werden, haben innerpsychisch eine andere Verfasstheit.

Sie zeigen sich robuster gegen abweichende oder irritierende Informationen und werden auch bei Misserfolgen nicht grundsätzlich infrage gestellt (sog. Goal-Shielding). Dadurch, dass das Haltungsziel auch vom Unbewussten unterstützt wird, zeigt es sich auch unter Druck und Stress stabil, also auch dann, wenn der bewusste Verstand überlastet ist und keinen guten Zugriff mehr auf die Steuerung des Verhaltens hat.

Kennzeichen eines Ziels auf Haltungsebene

- Es drückt eine echte Haltung aus (Beispiel: Ich bin …)
- Es ist im Präsens formuliert.
- Es ist in einer bildhaften Sprache formuliert.

Dass ein Haltungsziel auch wirklich eine Haltung ausdrückt, sollte an sich selbstverständlich sein. Allerdings sind wir so darauf trainiert, gute Vorsätze zu formulieren, dass dies schon mal aus dem Blick geraten kann.

Ein Teilnehmer einer meiner ZRM®-Seminare wählte zum Beispiel das Bild eines Bergwanderers. Er formulierte dazu im ersten Entwurf seines Ziels: „Schritt für Schritt führe ich mein Team auf den Gipfel des Erfolgs“. Natürlich glaubte ich ihm, dass dieser Satz gute Gefühle in ihm auslöste, aber er spiegelt eben keine Haltung wider. Er ist eher eine Dienstanweisung vom bewussten System, die sagt: „Wir müssen die Sache jetzt durchziehen“. Damit fehlt ihm die motivierende Wirkung. Der Teilnehmer überarbeitete den Satz und formulierte ihn dann so: „Schritt für Schritt atme ich die frische Luft und behalte den Überblick“. Damit beschrieb er die Grundeinstellung, mit der er die anfallenden Aufgaben angehen wollte: mit einer Haltung, die den Stress nicht an ihn heranlässt – die beste Voraussetzung dafür, einen kühlen Kopf zu bewahren.

Das Haltungsziel muss im **Präsens** formuliert sein, weil das unbewusste System stets auf das *Hier und Jetzt* fokussiert. Der Zeithorizont Zukunft („Ich werde kraftvoll …") wird zwar vom bewussten Verstand mitreflektiert. Das Unbewusste bezieht die Zukunft jedoch nicht in die eigenen Bewertungen mit ein und könnte ein zukunftsorientiertes Haltungsziel damit auch nicht unterstützen.

Behalten Sie möglichst eine **bildhafte Sprache** bei. Das Bild bzw. die inneren Bilder waren der Ausgangspunkt im Rubikon-Prozess. Bei angestrengtem Nachdenken über Zielsetzungen neigen viele schnell zu abstrakten nominalisierten Formulierungen. Erste Opfer sind wahrscheinlich die Adjektive. Es macht aber einen Unterschied, ob ich nur „meinen Weg" oder „meinen funkelnden Weg" gehen will. Die Logik braucht das Bildhafte nicht, wohl aber ist es für Attraktivität und Motivation von großer Bedeutung.

Um Ihr Haltungsziel zu formulieren, nutzen Sie am besten wieder einen Ideenkorb, analog zur Ermittlung der Ressourcen der Bilder. Notieren Sie sich dazu eigene Ideen. Ergänzen können Sie diese um Anregungen vertrauter Personen, bevor Sie für sich eine erste Fassung formulieren.

Anleitung für die Bildung eines Haltungsziels

Notieren Sie als erstes alle Ihre Lieblingswörter, das heißt alle Wörter, die der Affektbilanz von 0 negativ und 70+ positiv entsprechen. (Beispiele aus meiner Seminarpraxis zur Bildung von Haltungszielen finden Sie im Anschluss an dieses Kapitel.)

Kennzeichen eines Ziels auf Haltungsebene

Schreiben Sie alle Begriffe auf, die Ihnen spontan in den Sinn kommen. Zensieren Sie sich nicht, auch wenn Ihre Sammlung sehr umfangreicht wird oder Synonyme enthält. Es wäre der Verstand, der das Unbewusste nicht zu Wort kommen ließe.

1. Bilden Sie mit diesen Wörtern Sätze, die den oben genannten Kriterien (Haltung, Präsenz und bildhafte Sprache) entsprechen. Dabei können Sie die Wörter durchaus in Substantive, Verben und Adjektive wandeln. Es ist ja jeweils derselbe Wortstamm, der zum Ausdruck kommt. Sie dürfen auch noch ein Wort hinzunehmen, wenn Sie es für Ihre Idee brauchen.

....

....

....

....

....

....

....

....

....

....

....

....

2. Ihre Lieblingswörter:

....	....
....	....
....	....
....	....
....	....

Das Haltungsziel: Ideenkorb – Arbeitsblatt

....
....
....
....
....
....
....
....
....
....
....
....

3. Werten Sie den so geschaffenen Ideenkorb jetzt aus. Ihre Ideen werden unterschiedliche Schwerpunkte haben, jeweils andere Facetten beleuchten. Schauen Sie sich alles in Ruhe an und basteln Sie einen ersten Entwurf für Ihr Haltungsziel. Vielleicht gefallen Ihnen in dem einen Satz zwei Worte, in einem weiteren der Nebensatz und aus dem dritten eine weitere Passage. Das Haltungsziel darf lang und kompliziert formuliert sein. Es muss auch nicht in perfekte Sprache gefasst sein („Ich bin … und ich bin …, und ich bin auch noch …“). Für seine Wirksamkeit spielt eine schöne Formulierung keine Rolle.

Mein Haltungsziel in der ersten Fassung lautet:

....
....
....
....
....
....

4. Damit Ihr Haltungsziel auch wirklich handlungswirksam ist, sollten Sie die folgenden drei Kriterien beachten.

Ein Haltungsziel muss …
▪ positiv formuliert sein.
▪ vollständig von Ihnen abhängen.
▪ eine Affektbilanz von 0 negativ und 70+ positiv aufweisen

- Die **positive Formulierung** ist wichtig, weil das unbewusste System keine Negationen verarbeitet. Wenn etwas „*nicht* passieren“ soll, erhält Ihr Unbewusstes keinerlei Hinweise darauf, was denn statt dessen passieren sollte. Das Ziel muss ein Annäherungsziel sein, ein Ziel, das Sie erreichen möchten. Dafür haben wir mit der Formulierung des Wunsches schon einiges getan. Nehmen Sie aber auch noch einmal Ihre Lieblingswörter unter die Lupe. Es könnte sein, dass sie versteckte Negationen enthalten, wie es zum Beispiel bei „angstfrei“ oder „sorglos“ der Fall sein kann. Fragen Sie sich dann: „Wenn ich angstfrei bin, wie würde ich mich denn dann fühlen?“ Selbstbewusst, mutig, frei …, oder was kommt Ihnen da in den Sinn?

- **Unter der eigenen Kontrolle** muss das Ziel sein, damit es wirklich motivierend ist. Wenn es von äußeren Faktoren abhängig ist, können Sie alles richtig machen und das Ziel trotzdem nicht erreichen. Das wäre äußerst frustrierend. Wahrscheinlich würden Sie das Ziel dann fallen lassen. „In meinem harmonischen Team …“ ist vielleicht eine Formulierung, die bei Ihnen von positiven somatischen Markern begleitet ist. Die Harmonie im Team steht jedoch nicht (allein) in Ihrer Macht. Wenn jemand ein Stinkstiefel ist oder einfach einen schlechten Tag hat, können Sie kaum etwas dagegen tun, auch wenn Sie es noch so sehr wollen. Wenn Sie dagegen formulieren „Mit Harmonie in meinem Team …“, dann handelt es sich um Ihre innere Einstellung, mit der Sie bestimmten Stressfaktoren begegnen. Das wiederum steht dann wieder komplett unter Ihrer Kontrolle. Ganz nebenbei, erhöht eine solche Haltung die Wahrscheinlichkeit, ebenso behandelt zu werden …
- Eine positive **Affektbilanz** ist entscheidend, um wirklich über den Rubikon zu kommen. Solange sich mit den Formulierungen auch negative Affekte verbinden, kann es sein, dass unter Druck und Stress Ihr Unbewusstes „ausbüchst“ und dann doch keine Lust hat, entsprechend der neuen

Haltung zu handeln. Wenn Sie eine vage Unzufriedenheit verspüren, achten Sie darauf, woher sie rührt. Lange, komplizierte Sätze und schlechtes Deutsch sind keine Kriterien, die Sie stören sollten. Schauen Sie auf die einzelnen Worte und Elemente des Satzes, ob diese die Affektbilanz erfüllen.

Mein Haltungsziel in einer zweiten Fassung lautet:

....

....

....

....

....

....

Wenn Sie so über Ihrem Satz brüten, haben Sie vielleicht noch Störgefühle. Vielleicht entspricht er allen Kriterien, und trotzdem spüren Sie, dass irgendetwas noch nicht stimmt. Ihre somatischen Marker zeigen Ihnen damit an, dass Sie die finale Version noch nicht gefunden haben. Nehmen Sie sie ernst. Und wenn Ihnen dabei ein neues Wort, eine neue Wendung oder eine Abkürzung einfällt: Verwenden Sie sie! Haltungsziele sind nicht in Stein gemeißelt, sie dürfen sich verändern. Vielleicht sendet Ihr Unbewusstes über Nacht oder nach zwei Wochen noch eine neue Idee – nehmen Sie sie auf.

Haben Sie noch eine dritte vorläufige Endfassung für Ihr Haltungsziel gefunden?

....
....
....
....
....
....
....
....

Vergleichen Sie Ihr Haltungsziel einmal mit dem Wunsch, den Sie bereits formuliert hatten: Ist es gewissermaßen die Antwort auf den Wunsch? Falls dem so ist, ist es perfekt. Nun stellt sich die Frage, wie Sie Ihr neues Motto, wie man das Haltungsziel auch nennen könnte, in die Realität übersetzt, wie man es also leben kann.

Herausarbeitung des Handlungsziels – Beispiel 1

Lieblingswörter (die die Affektbilanz bestanden haben):

Aufbruch	Freiheit
Teamarbeit	Rauschen der Wellen
Abenteuer	Windenergie
Auf Kurs sein	Salz in der Luft
Auf und Ab	Weiter Horizont
Die Segel setzen	Neue Welten
Ins Blaue hinein	

Vorschläge im Ideenkorb:

- Ich spüre die Freiheit und fahre im Rauschen der Wellen zu neuen Horizonten.
- Mit Salz in der Luft bin ich auf abenteuerlichem Kurs.
- Im Auf und Ab der Wellen setze ich die Segel, halte den Kurs und fahre in die Freiheit.
- Mit Windenergie fahre ich ins Blaue hinein.
- Im Team breche ich auf zu neuen Welten.

Das Haltungsziel in der Fassung Nr. 1:

Ich spüre die Freiheit, setze die Segel, halte den Kurs und rausche zu neuen Abenteuern.

Das Haltungsziel in der Fassung Nr. 2:

Ich spüre die Energie des Windes, setze die Segel und halte den Kurs in die Freiheit.

Das Haltungsziel in der Endfassung:

Ich setze die Segel und folge dem Wind.

Die Seminarteilnehmerin, von der dieses Beispiel stammt, war selbstständig in einem mehrjährigen Projekt tätig, dessen Ende sich abzeichnete. Sie war noch sehr unsicher, was sie im Anschluss tun sollte. Für sie bedeutete das Setzen der Segel, sich auf ihre Potenziale und Stärken zu besinnen, auf das, was sie gut kann und gerne macht. Wo diese Stärken letztlich dann gefragt sein würden, das werde sich schon ergeben, sagte sie, da könne sie ihren Kontakten, interessanten Ausschreibungen und nicht zuletzt auch auf den Zufall vertrauen.

Herausarbeitung des Handlungsziels – Beispiel 2

Lieblingswörter (die die Affektbilanz bestanden haben):

Feuerwerk	Für etwas brennen
Natur	Von innen heraus
Leidenschaft	Energie
Kraft	Neues Land
Urkraft	Ausbrechen
Im Fluss sein	Spektakulär

Vorschläge im Ideenkorb:

- Ich breche aus und brenne mit Leidenschaft.
- Meine Urkraft zeigt sich spektakulär.
- Von innen heraus bleibt meine Kraft im Fluss.
- Meine Energie bricht aus und ich brenne für mein neues Land.
- Ich zeige das Feuerwerk meiner leidenschaftlichen Natur.

Das Haltungsziel in der Fassung Nr. 1:

Mit Energie breche ich aus und halte meine Kräfte im Fluss.

Das Haltungsziel in der Fassung Nr. 2:

Mit Kraft und Leidenschaft lebe ich meine Natur von innen heraus.

Das Haltungsziel in der Endfassung:

Mit Kraft und Leidenschaft schaffe ich mein neues Land.

Der Seminarteilnehmer aus diesem Beispiel hatte den Eindruck, nach einer Auseinandersetzung mit seinen Vorgesetzten keine Perspektive in der Abteilung zu haben. Gleichzeitig schätzte er aufgrund seines Alters seine Perspektiven auf dem Arbeitsmarkt nicht so gut ein.

Herausarbeitung des Handlungsziels – Beispiel 3

Lieblingswörter (die die Affektbilanz bestanden haben):

Warme Abendsonne	Karibische Abenteuer
Delfine	Reggae-Musik
Intelligenz	Tanzen
Gemeinsam	Grenzenlos
Spielerisch	In den Tag hineinleben
Wasserspritzer	Zufriedenheit
Lebensfreude	Auftauchen
Leichtigkeit	Ausgeglichen

Vorschläge im Ideenkorb:

- Wie die Delfine spüre ich die Gemeinschaft, intelligent und leicht.
- Mit grenzenloser Freude lebe ich in den Tag hinein.
- Mit spielerischer Intelligenz und Reggae-Musik erlebe ich karibische Abenteuer.

- Ich tauche auf und spritze mit Wasser in der warmen Abendsonne.
- Mit Leichtigkeit und Lebensfreude spüre ich zufrieden die Gemeinschaft.

Das Haltungsziel in der Fassung Nr. 1:
Mit spielerischer Freude tauche ich auf und lebe intelligent und gemeinschaftlich Abenteuer.

Das Haltungsziel in der Fassung Nr. 2:
Mit spielerischer Leichtigkeit tauche ich auf und genieße die Abenteuer.

Das Haltungsziel in der Endfassung:
Mit spielerischer Leichtigkeit tanze ich zu neuen Abenteuern.
Die Seminarteilnehmerin, die Patin dieses Beispiels war, war von einer kleinen Filiale, die geschlossen wurde, in die Zentralverwaltung des Unternehmens versetzt worden. Dort bekam sie neue Aufgaben mit einer Software, die sie nicht kannte. Ebenso fühlte sie sich in der dort herrschenden Anonymität unter den Kollegen unwohl. In ihrer kleinen Filiale waren alle immer herzlich miteinander umgegangen. Mit ihrer neuen Haltung, so schrieb sie mir, würde sie das erste Mal seit ihrer Versetzung vor drei Monaten ohne Angst zur Arbeit fahren.

Der Transfer in den Alltag

Andere Ratgeber appellieren meist an Ihr Durchhaltevermögen und Ihre Disziplin, wenn es darum geht, neue Verhaltens- oder Denkmuster zur Gewohnheit zu machen. Ganz schön anstrengend! Die gute Nachricht: Es geht wesentlich leichter.
In diesem Kapitel erfahren Sie,

- wie Ihnen neurobiologische und psychologische Erkenntnisse und Effekte dabei helfen,
- warum dabei nicht nur der Kopf, sondern auch der Körper eine Rolle spielt,
- wie Sie sich mit einem einfachen Wenn-dann-Plan zum Weitermachen motivieren.

Lernen auf neurobiologischer Ebene

Immer wenn wir etwas Neues lernen, passiert im Gehirn Folgendes: Die Enden von Nervenzellen, die so genannten Synapsen, verbinden sich miteinander über den synaptischen Spalt hinweg. Dies geschieht, indem eine Nervenzelle so genannte Neurotransmitter ausschüttet, Botenstoffe, die ein Signal geben, das von einer anderen Nervenzelle aufgenommen und absorbiert wird. Je öfter solche Transmitterstoffe ausgeschüttet werden, desto stärker wird die Verbindung.

Neuronale Netze: die Lernzentralen im Gehirn

Das Gehirn mit seinen 86 Milliarden Nervenzellen ist immer aktiv. Millionen Nervenzellen feuern gleichzeitig, verbinden sich und bilden die so genannten neuronale Netze. Ob wir nun eine neue Sprache lernen, Tanzschritte, ein Musikinstrument oder unser handwerkliches Geschick schulen – im Gehirn entstehen für alles, was wir lernen, neuronale Netze.

Dabei bleibt die Fähigkeit des Gehirns, sich wesentlich und strukturell zu verändern, bis ins hohe Alter erhalten. So passt sich ein Individuum in der Interaktion mit seiner Umwelt optimal an die gestellten Anforderungen an. Die beliebte wie bequeme Annahme, im Alter nicht mehr so gut lernen zu können, wird von Forschung und Wissenschaft nicht bestätigt. Vielmehr scheint die Motivation, zum Beispiel ob das Lernen von guten Gefühlen begleitet wird, eine entscheidende Rolle zu spielen.

Auch das neue Haltungsziel, das Sie gerade entwickelt haben, führt zur Bildung eines neuronalen Netzes. Es ist allerdings noch sehr schwach ausgeformt, weil Sie es jetzt ja gerade erst gebildet haben. Daher kann es gut sein, dass es sich noch nicht so recht gegen die alten, etablierten und entsprechend starken neuronalen Netze durchsetzen kann. Vor allem unter Stress, wenn der bewusste Verstand die Handlungen nicht mehr so gut steuern kann, ist die Gefahr groß, dass wir wieder in unerwünschte Verhaltensmuster und Gewohnheiten verfallen. Leider lassen sich diese überholten Automatismen nicht „mit einer Neuronenschere" aus dem Gehirn entfernen. Wir können sie nur verlernen, indem wir mit ständiger Übung neue, erwünschte Verhaltensmuster festigen, die die alten ablösen.

Persönliche Veränderungen sind dann nachhaltig, wenn sie zu neuen Gewohnheiten geworden sind, wenn wir, ohne darüber nachzudenken, in der erwünschten Art und Weise handeln. Um die neue Haltung in dieser Weise im Alltag zu leben, braucht es starke neuronale Netze, damit diese bevorzugt die Handlungssteuerung übernehmen können. Doch wie können wir sie stärken? Schauen wir uns dazu die Funktionsweise der neuronalen Netze noch einmal genauer an.

Wie neuronale Netze funktionieren

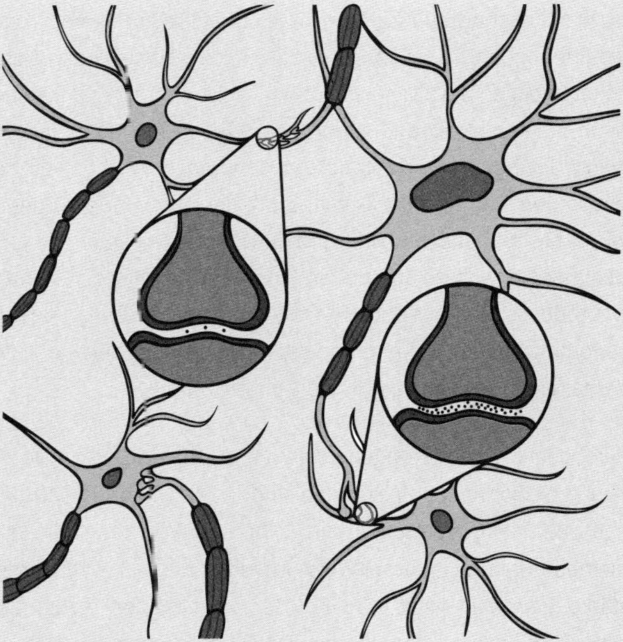

Das neuronale Netz

Zu neuronalen Netze gibt es zwei Gesetzmäßigkeiten, die der Psychologe Donald Olding Hebb im Jahr 1949 formuliert hat.

Hebbsches Gesetz 1: Use it or lose It!

Neuronale Verbindungen, die selten benutzt werden, gehen verloren. Wer in der Schule eine Fremdsprache gelernt hat, zum Beispiel Französisch oder Spanisch, kennt den Effekt vielleicht, wenn er nach vielen Jahren in die Verlegenheit kommt, sie benutzen zu müssen, zum Beispiel bei einem Urlaub im Ausland. Anfangs fehlen uns in den einfachsten Situationen die Worte, doch Tag für Tag fallen einem Wörter und Redewendungen wieder ein. Alte, vergessen geglaubte neuronale Verbindungen werden aktiviert. Nach und stellt sich ein Großteil der einmal vorhandenen Kenntnisse wieder ein. Die neuronalen Netze sind wie ein Trampelpfad über eine Wiese: Wird er häufig benutzt, wird er tiefer und breiter. Wird er selten und gar nicht mehr benutzt, dann wächst er langsam wieder zu.

Hebbsches Gesetz 2: Cells that fire together wire together

Nervenzellen, die gleichzeitig aktiv sind, gehen eine Verbindung ein. Das bedeutet, dass alles, was wir lernen, multicodiert ist, d. h. über verschiedene Sinneskanäle gespeichert wird und erreichbar ist.

Stellen Sie sich beispielsweise vor, Sie fahren im Auto und hören Radio. Dann kommt plötzlich ein Lied, das einer Ihrer Lieblingssongs gewesen ist, als Sie 18 waren. Sofort stellt sich ein gutes Gefühl ein. Bilder steigen in ihnen auf, von den Freunden und Freundinnen, mit denen sie zusammen gewesen sind, von Partys, auf denen dieses Lied gespielt wurde. Sie erinnern sich an die Lieblingsgetränke dieser Zeit, die schönen und schlimmen Erlebnisse damals gehen Ihnen durch den Kopf. Dieses eine Lied ist also mit vielen anderen Erinnerungen und Erlebnissen verbunden, die beim Hören wieder ins Bewusstsein steigen. Ob man nun ein Lied hört oder ein Foto sieht: Wird das neuronale Netz an einer Stelle aktiviert, wird das ganze Netz aktiviert.

Diese beiden Gesetzmäßigkeiten wollen wir uns nun zu Nutze machen, um die neue erwünschte Haltung zu stärken. Grundsätzlich gibt es zwei Möglichkeiten, das Haltungsziel zu verinnerlichen.

Die mühsame Variante: üben, üben, üben

Eine Variante besteht darin, möglichst oft erfolgreich zu handeln. Das bedeutet üben, üben, üben. Ähnlich wie in der Schule, wenn die Parole war: Vokabeln pauken, pauken, pauken. Das wird meistens nicht von positiven Gefühlen begleitet. Die Affektbilanz fällt nicht so gut aus. Es braucht daher viel Disziplin, diesen Weg zu gehen. Für Profi-Musiker mag das Üben kein Problem darstellen, weil das Spielen des Instrumentes für sich schon sinnvoll ist und Freude bereitet. Musiker verfügen über eine intrinsische Motivation, ihr Instrument zu spielen. Wenn sie jedoch fehlt, wird dieser Weg sehr schnell schwierig. Wer zum Beispiel nicht aus Freude an der Bewegung Sport machen möchte, sondern aus gesundheitlichen Gründen, wird nach einer Weile die Lust verlieren und hört auf. Um nachhaltige Veränderungen zu initiieren, kommt an dieser Stelle deswegen auch nicht der Ratschlag, eine Aufgabe jeden Tag „nur 10 Minuten" üben zu müssen.

Es gibt einen besseren Weg: Aktivieren Sie das erwünschte neuronale Netz mental.

Die bessere Variante: mentale Aktivierung

Die ersten, die den Weg der mentalen Aktivierung erfolgreich beschritten haben, waren Leistungssportler. Skifahrer haben zum Beispiel festgestellt, dass sie nicht immer mit mehr als 100 Kilometer pro Stunde den Abhang hinabrasen müssen, sondern dass es einen Trainingseffekt hat, wenn sie die Strecke rein im Kopf abfahren. Vom ehemaligen Tennisstar Boris Becker ist bekannt, dass er als Spieler seine Aufschläge auch geübt hat, indem er sich in einen Salzwassertank legte, um in der Schwerelosigkeit seine Tennisaufschläge nur im Kopf durchzugehen. Mittlerweile haben wahrscheinlich alle Profisportler auch Mentaltrainer. Man sagt: „Die letzten 10 % der Leistung passieren im Kopf“. Bis zu einem Drittel des Trainings kann laut Sportwissenschaftlern durch mentale Aktivierung ersetzt werden. Das liegt an einem Effekt, den Sie weiter oben schon kennengelernt haben. Ob wir etwas tun oder etwas nur im Kopf tun: Dasselbe neuronale Netz ist aktiv.

Bewusste Aktivierung: Zielauslöser

Von Zielauslösern sprechen wir, wenn etwas bewusst getan wird, um eine bestimmte Stimmung zu erzeugen. Intuitiv tun die meisten Menschen das mithilfe von Musik: Nach einem anstrengenden Arbeitstag hören sie vielleicht eine entspannende Musik, um runterzukommen. Wer sich etwas schlapp fühlt, aber noch bestimmte Dinge erledigen möchte, wählt vielleicht Songs, die schneller und anregender sind, um seine Energien zu mobilisieren. In beiden Fällen handelt es sich um Zielauslöser, also bewusste Handlungen, die vorgenommen werden, um in die gewünschte Stimmung zu kommen.

Ein Zielauslöser für die mentale Aktivierung wäre es zum Beispiel, wenn ich mein Haltungsziel laut sage, bevor ich mich einer unangenehmen Aufgabe widme. Diese bewusste Aktivierung kann situationsbezogen auch schon sehr gut helfen, reicht aber nicht aus, um meine neue Haltung zu einer Selbstverständlichkeit zu machen, die intrinsisch motiviert ist.

Unbewusste Aktivierung: Priming

Ein Prime, *übersetzt in etwa: Bahnung,* ist ein auslösender Reiz, der den Eintritt einer bestimmten Reaktion wahrscheinlicher macht. Setzen wir solche Reize bewusst ein, sprechen wir von Zielauslösern. Priming verbinden wir mit unbewusster Beeinflussung. Die Sozialpsychologie beschäftigt sich seit Jahrzehnten mit der Wirkungsweise von Primes, und es gibt unzählige Studien, die deren Effekte belegen. Nicht zuletzt haben Marketingprofis ein großes Interesse an diesen Ergebnissen, weil der Erfolg von Werbung auf erfolgreichem Priming beruht. Exemplarisch seien hier zwei Studien genannt, die die Wirkung von Priming-Effekten zeigen.

Das Florida-Experiment

Eine Versuchsgruppe wurde gebeten, Sätze mit folgenden Wörtern zu bilden: starrköpfig, weise, Glatze, grau, zittern, humpeln. Diese Wörter bedienen alle vorhandenen Klischees über alte Menschen. Im Anschluss sollten die Probanden gehen und den Raum verlassen. Dabei wurde die Geschwindigkeit gemessen, mit der sie sich bewegten. Das erstaunliche Ergebnis: Die Versuchsgruppe bewegte sich signifikant langsamer als die Kontrollgruppe, die sich mit neutralen Wörtern beschäftigt hatte. Bei der Versuchsgruppe wurden durch die Beschäftigung mit den Wörtern die neuronalen Netze aktiviert, die mit „Alter" in Beziehung stehen. Entsprechend änderte sich ihr Verhalten: Sie bewegten sich „altersgemäß" langsamer. Sie waren auf „alt" geprimt worden.

Kleider machen Leute

Die Teilnehmer einer Studie wurden mit Arbeitskleidung ausgestattet, nämlich mit weißen Kitteln. Einem Teil der Gruppe wurde gesagt, dass es sich dabei um Arztkittel handeln würde. Der anderen Hälfte wurden sie als Arbeitskleidung von Künstlern dargestellt. Allen Probanden wurde die Aufgabe erteilt, Fehler aufzuspüren. Die Gruppe, die glaubte, Arztkittel zu tragen, fand 50 Prozent mehr Fehler als die Gruppe in der Künstler-Kleidung. Auch dies ist das Resultat von Priming: Mit Ärzten werden höhere Genauigkeit und gute diagnostische Kompetenzen assoziiert, während Künstler im Ruf stehen, sehr viel großzügiger mit Ungenauigkeiten umzugehen.

Beide Studien zeigen, wie unmittelbar und unbewusst Primes wirken. Sie sind in unserem Alltag allgegenwärtig. Im Supermarkt wird entspannte Musik gespielt, um uns in eine gute Stimmung zu versetzen. Die preiswertesten Angebote stehen unten im Regal, weil Menschen, die Geld und einen hohen sozialen Status haben, es nicht gewohnt sind, sich zu bücken. Umgekehrt werden die teureren Angebote oben platziert, weil der Preis für wohlsituierte Kunden keine große Rolle spielt. Über der Fleischtheke sind Lampen angebracht, die das Fleisch etwas rötlicher und appetitlich wirken lassen. Backshops, in denen nichts gebacken wird, zerstäuben den Duft von frisch Gebackenem, um den Appetit ihrer Kunden anzuregen.

Ein weiteres Beispiel: Ich lief einmal nach Ladenschluss durch die Züricher Altstadt und blieb vor einem Geschäft mit Lederwaren stehen. Jacken, Taschen und Gürtel aus Leder waren im Schaufenster zu sehen und ich war ganz fasziniert. Warum? Nach einer Weile war es mir klar: Es war der eigentümliche Geruch nach frischem Leder, der mich ansprach. Ich wunderte mich darüber, ihn überhaupt wahrnehmen zu können, weil das Geschäft ja schon geschlossen war. Dann bemerkte ich eine feine Düse unterhalb des Schaufensters, aus der dieser Duft versprüht wurde.

Sobald uns ein Prime bewusst wird, können wir uns auch bewusst dazu verhalten – zustimmend oder ablehnend. Nachdem mir zum Beispiel klar geworden war, warum ich die Lederwaren interessant fand, hatten sie für mich nichts Besonderes mehr.

Allerdings erkennen wir solche Priming-Versuche leider nicht immer. Marketingexperten investieren Milliarden, um uns via Priming zu einem bestimmten Verhalten zu bringen, nämlich dieses Produkt zu kaufen und ein anderes stehenzulassen. Weshalb gibt die Werbung dafür so viel Geld aus? Weil es funktioniert! Und weil es so gut funktioniert, warum sollten wir dieses Priming nicht auch für uns nutzen?

Und genau das ist es, was wir als Nächstes tun: Wir machen uns auf die Suche nach Primes, die das *Auftreten der erwünschten Verhaltensweisen wahrscheinlicher machen*. Oder einfacher ausgedrückt: Wir primen uns in die Richtung, in die wir uns entwickeln möchten.

Alles, was mit einem Haltungsziel in einem assoziativen Zusammenhang steht, kann ich in konkreten Situationen als Zielauslöser einsetzen, um mich in meiner Haltung zu bestärken. Um die erwünschte Veränderung jedoch nachhaltig in meinem Leben zu verankern, spielt Priming die entscheidende Rolle.

Neues nachhaltig sichern

Sie wissen jetzt ganz genau, wie lernen und erinnern und die bewusste und unbewusste Aktivierung theoretisch funktioniert. Sie wissen, dass es wichtig ist, neuronale Netz des Haltungsziels möglichst oft zu aktivieren („*Use it or lose it*"), und Sie wissen, dass neuronale Netz über alle Sinneskanäle und Assoziationen aktiviert werden können („*Cells that fire together wire together*"). Kommen wir nun dazu, wie Sie dieses Wissen in die Praxis transferieren.

Finden Sie Erinnerungshilfen

Erinnerungshilfen stehen mit dem Bild und/oder dem Haltungsziel assoziativ in Beziehung. Dabei unterscheiden wir zwischen mobilen und stationären Erinnerungshilfen. Ein Bild, das ich als Bildschirmhintergrund verwende, ist eine stationäre Erinnerungshilfe. Verwende ich sie als Hintergrundbild meines Handys, dann handelt es sich um eine mobile Erinnerungshilfe, eine, die ich immer dabei haben kann.

Was sich als Erinnerungshilfe eignet:

- Gebrauchsgegenstände
- das Bild selbst oder weitere Bilder
- Alles, was sich mit dem Bild oder Haltungsziel bedrucken lässt
- Farbassoziationen
- Kleidungsstücke

- Düfte
- Musik/Musikvideos
- Dekor

Sammeln Sie Ideen für solche Erinnerungshilfen. Nutzen Sie die Stichworte Ihres Haltungsziel für die Suche im Internet. Beziehen Sie dabei gerne Ihren Freundes- und Bekanntenkreis mit ein. Weisen Sie andere darauf hin, dass Sie nur positive Kommentare und Assoziationen hören wollen – und lassen Sie sich überraschen, welche Ideen es gibt, auf die Sie selbst nicht gekommen wären.

> Erinnerungshilfen sind Ressourcen. Diese werden in der Neurobiologie definiert als *alles, was das erwünschte neuronale Netz stärkt* und *aktiviert.*

Notieren Sie Ihre Erinnerungshilfen hier:

Erinnerungshilfen

Stationär		Mobil
....		....
....		....
....		....
....		....
....		....

Installieren Sie die Erinnerungshilfen überall in Ihrem Alltag. Hier gilt der Grundsatz: Mehr ist mehr!

Das Elegante an der Methode des Zürcher Ressourcenmodells ist, dass man sein Unbewusstes für sich arbeiten lassen kann. Einmal installiert, sind die Erinnerungshilfen stets im Alltag präsent. Nach einiger Zeit werden Sie sie nicht mehr bewusst wahrnehmen, unbewusst aber haben Sie immer ein Abbild davon auf der Netzhaut und wissen ganz genau, was es damit auf sich hat. Sie primen sich damit auf die erwünschte Haltung, ohne dass es dazu einer bewussten Aktivität von Ihnen bedarf.

Embodiment, oder: Wie der Körper den Kopf beeinflusst

Es besteht eine Wechselwirkung zwischen Kopf und Körper. Das Wissen darum hat sich inzwischen allgemein durchgesetzt. Wahrscheinlich waren es die Leistungssportler, die sich als erste systematisch und konsequent mit diesem Prinzip auseinandergesetzt haben. Skifahrer gehen die Strecke im Kopf durch, Tennisspieler üben ihre Aufschläge in Gedanken und mittlerweile haben alle Sportprofis auf Top-Niveau ihre Mentaltrainer. Die mentale Aktivierung, die wir in Kap. „Die bessere Variante: mentale Aktivierung“ schon näher betrachtet haben, hat einen messbaren Effekt auf die körperliche Leistung.

Der Einfluss, den der Körper auf die psychische Verfassung nimmt – im Fachjargon auch Embodiment genannt –, ist weniger erforscht, auch wenn sich das Bewusstsein dafür in vielen Redewendungen zum Ausdruck kommt. Wenn jemand „den

Kopf hängen lässt" zeugt das nicht von Energie und Tatkraft, während „Rückgrat haben" mit einer gewissen Widerstandsfähigkeit und Stärke verbunden wird. Wissenschaftliche Studien konnten zeigen, dass Probanden, die für längere Zeit eine gebückte Haltung einnahmen, in der anschließenden Testung ein geringeres Selbstbewusstsein zeigten als die Kontrollgruppe. Auszubildende, die für eine sehr gute schriftliche Leistung gelobt wurden, waren sehr viel selbstbewusster, wenn sie das Lob im Stehen empfangen hatten, als die Kontrollgruppe, die gesessen hatte.

Der Körper als Ressource

Neuere Forschungsergebnisse bestätigen, dass der Körper Einfluss auf die Gedanken nimmt – und zwar in sehr viel stärkerem Ausmaß, als bisher angenommen. Es ist, als würde vom Kopf eine antiquierte Kupferdrahtleitung zum Körper verlaufen, während es sich in umgekehrter Richtung um ein modernes Glasfaserkabel handelt. Der Körper ist daher eine weitere Ressource, eine Möglichkeit, das erwünschte neuronale Netz zu stärken und zu aktivieren. Zudem besteht ein großer Vorteil darin, dass Sie Ihren Körper immer dabei haben. Sie können ihn also jederzeit nutzbringend einsetzen. Das funktioniert zum Beispiel, indem Sie eine kleine Bewegung oder Geste, einen *Micro Move* finden, mit dem Sie Ihre Haltung aktivieren.

So finden Sie Ihren Micro Move

1. Spüren Sie Ihrem Haltungsziel einmal nach: Welches sind die Schlüsselelemente und relevanten Begriffe dafür?
2. Stellen Sie sich aufrecht hin und lassen Sie Ihre Körperfantasie spielen, um die passende Bewegung dazu zu finden.

Ein Beispiel:

In Ihrem Haltungsziel „Mit Kraft und Leidenschaft schaffe ich mein neues Land" ist die Kraft der entscheidende Faktor. Finden Sie Ihren Micro Move dazu: eine Geste oder Bewegung, die Sie persönlich für sich als passend und kraftvoll empfinden.

Beispiele für Kraft-Micro-Moves: Stemmen Sie die Hände in die Hüften? Ziehen Sie Ihre Faust mit gebeugtem Ellenbogen nach hinten? Posieren Sie mit Ihrem Bizeps? Oder ballen Sie die Fäuste vor der Brust, also würden Sie die Träger von einem Rucksack packen?

> Ihren Micro Move können Sie zur Ressourcenaktivierung gezielt in schwierigen Situationen einsetzen oder auch zur allgemeinen Stärkung der neuen Haltung immer wieder in Ihren Tagesablauf integrieren.

Das Situationstypen ABC

Im Alltag gibt es nun drei Arten von Situationen, die eine besondere Aufmerksamkeit verdienen. Im ZRM® werden sie das Situationstypen ABC genannt.

A	*… wie automatisch, einfach: „Applaus! Applaus! Applaus!“*
B	*… wie „blanbar“, Bodybuilding: Schwierigkeit einschätzen, Verhalten planen und Ressourcen einsetzen.*
C	*… wie „critisch“, „calt erwischt“: shit happens.*

A-Situationen: Erfolge stärken

A-Situationen sind einfache Situationen, in denen das zieldienliche Handeln im Sinne des Handlungsziels spontan und automatisch gelingt. Es sind kleine, alltägliche Situationen, über die Sie vorher gar nicht nachgedacht haben, in denen Sie sich aber zu Ihrer eigenen Zufriedenheit verhalten haben. Solche Situationen entgehen oft unserer Aufmerksamkeit. Zum einen, weil sie nicht lange andauern oder sich eher beiläufig ereignen und sie deshalb als nicht so wichtig bewertet werden. Der andere Grund besteht darin, dass in den Situationen alles gut läuft: Es ist kein Problem entstanden, ich bin zufrieden.

Der bewusste Verstand wird immer dann aktiv, wenn es ein Problem gibt. Zum einen passiert das in der Vorbereitung auf mögliche Schwierigkeiten und Hürden: Was mache ich, wenn dies oder jenes passiert? Oder auch zur Nachbereitung: Was hätte ich in jener Situation besser machen können? Was mache ich, wenn dieses Problem noch einmal auftritt?

Die A-Situationen sind solche, in denen kein Problem aufgetaucht ist. Wenn etwas gut gelaufen ist, hat der Verstand keinen Anlass, aktiv zu werden und sich die Situation bewusst zu machen. Zur Verfestigung der neuen Haltung ist das aber sehr wichtig, denn es ist dasselbe neuronale Netz, welches aktiv ist. Ob ich schwierige Verhandlungen führe oder zwischen Tür und Angel spontan entscheide: Wenn es aus derselben Haltung heraus geschieht, ist es dasselbe neuronale Netz, das aktiv ist. Mache ich mir diese Situationen bewusst, bekommt dieses Netz eine andere Qualität. Dinge, die mir bewusst sind, bekommen einen größeren Einfluss auf mein Selbstbild und auf meine Entscheidungen. Daher ist es wichtig, sich diese Situationen bewusst zu machen.

Haben Sie auch schon einmal gedacht: „Immer, wenn ich auf eine Kreuzung zufahre, wird die Ampel rot?" Dieses Gefühl stellt sich sehr schnell ein. Weshalb? Weil eine rote Ampel eine Aktion erfordert. Ist sie grün, müssen Sie nichts tun, Sie können einfach weiterfahren. Daher entgehen die grünen Ampeln sehr schnell Ihrem Bewusstsein. Sie nehmen sie gar nicht mehr wahr. Wenn Sie aber einmal anfangen zu zählen, werden Sie merken, dass Sie mehr grünen als roten Ampeln begegnen.

Ebenso verhält es sich mit den A-Situationen: Sie werden sehr viel mehr Situationen gemeistert haben, als Ihnen bewusst sind. Machen Sie sich dies A-Situationen bewusst! So können Sie sich besser und realistischer selbst einschätzen. Sie haben es nicht nur mit Problemen zu tun, es gibt auch so vieles, was Ihnen gut gelingt.

Loben Sie sich für diese kleinen Situationen, die gelungen sind.

Einige haben, was Lob für Kleinigkeiten anbelangt, eine innere Hemmschwelle, weil sie denken, dass die Situation nicht schwierig, nicht *der Rede wert* gewesen sei. Oder weil sich Selbstlob einfach nicht gehöre, man solle sich bloß nichts einbilden. Das ist sehr schade, denn mit einem Lob lernen wir viel besser. Kleine Kinder, die laufen lernen, werden für ihre ersten Schritte gelobt, auch wenn sie dann hinfallen. „Das hast du toll gemacht!“, ist die Ermunterung, es weiter zu versuchen und dranzubleiben. Ebenso liebevoll und ermutigend dürfen Sie auch mit sich selbst umgehen. Loben Sie sich also, auch und vor allem für Kleinigkeiten!

Beispiel: Die Lotusblüte

Eine Seminarteilnehmerin hatte das Problem, sich abzugrenzen. Sie nahm, beeinflusst durch einen „Mach es allen recht“-Antreiber, regelmäßig zu viel Arbeit an, die sie dann auch stets pflichtbewusst erledigte. Die Folge: permanenter Stress, der ihr bereits körperlich zu schaffen machte. Sie wählte eine Lotusblüte als Bild. Als Erinnerungshilfe diente ihr ein kleiner Stempel, mit dem sie Lotosblüten drucken konnte. Immer, wenn sie merkte, dass sie bei sich geblieben ist, bei ihren Aufgaben und ihren Bedürfnissen, dann stempelte sie eine Lotusblüte auf ein Blatt, das sie für A-Situationen reserviert hatte. Abends konnte sie dann die Lotusblüten zählen und sich dafür loben, von wie vielen fremden Aufgaben sie sich abgrenzen konnte.

Wie Sie am besten mit A-Situationen umgehen:

- Nehmen Sie sie bewusst wahr – fortlaufend oder auch im Tagesrückblick.
- Loben Sie sich selbst dafür.

B-Situationen: Herausforderungen meistern

Die B-Situationen sind Ihr eigentliches Training-Center, in dem Sie Ihre neue Haltung einüben. Kennzeichen der B-Situationen ist es, dass ihr Eintreten absehbar ist. Sie wissen, dass es zu dieser Situation kommen wird. Das kann der Termin für ein schwieriges Gespräch sein. Es kann aber auch die reale Erwartung sein, dass früher oder später ein Ereignis eintreten wird.

B-Situationen haben einen großen Vorteil: Sie wissen, dass sie eintreten werden, also können Sie sich auch darauf vorbereiten.

So bereiten Sie sich optimal vor

1. Überlegen Sie sich drei bis fünf Situationen mit unterschiedlichen Schwierigkeitsgraden, die Sie auf der folgenden Thermometer-Skala verteilen.

   Dies dient Ihrem eigenen Erwartungsmanagement: Wenn Sie eine Situation mit 20 Punkten einschätzen, dann dürfen Sie die Erwartung haben, dass die Situation mit etwas Vorbereitung wahrscheinlich gut gelingen wird. Anders ist es, wenn Sie die Situation auf der Thermometer-Skala bei 90 von 100 Punkten einstufen. Für solche Situationen wird es noch etwas

Training bedürfen, damit Sie sie zu Ihrer Zufriedenheit gestalten können.

Schwierigkeitsgradthermometer

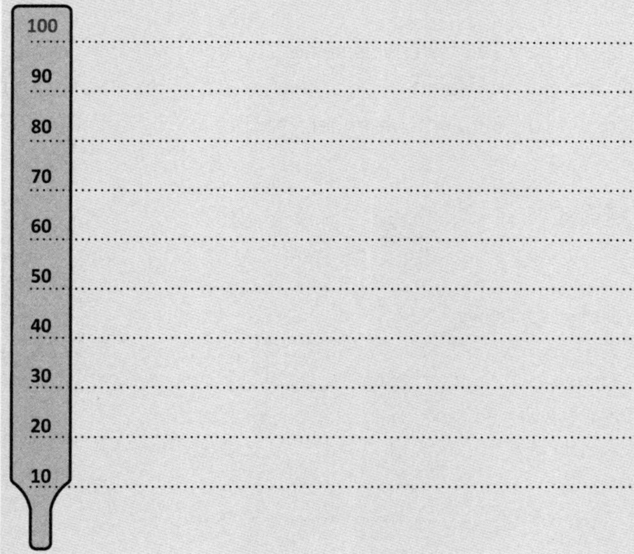

2. Wählen Sie eine Situation mit einem mittleren Schwierigkeitsgrad aus, mit der Sie exemplarisch weiterarbeiten.

Die Situation sollte nicht so einfach sein, dass sie überhaupt nicht herausfordernd ist. Sie sollte aber auch nicht am oberen Rand der Schwierigkeitsskala angesiedelt sein, weil Sie an einer solchen Herausforderung wahrscheinlich noch scheitern würden. Es ist wie beim Gewichtheben: Man trainiert mit machbaren Gewichten und steigert sie langsam. Deshalb gelten die B-Situationen auch als Trainings-Center. Die leichteren Situationen führen zu einem Trainingseffekt, um die schwierigeren zu meistern.

Wählen Sie also idealerweise eine Situation mit einem mittleren Schwierigkeitsgrad aus. Machen Sie sich ein paar Notizen zu dem, was die Situation besonders macht:

Beteiligte Personen
....
....
Rahmenbedingungen
....
....
Besondere Erwartungen
....
....
....
....
Vorgeschichte
....
....
....
....

Im nächsten Schritt überlegen Sie, wie Sie Ihre Ressourcen in dieser Situation einsetzen können. Gibt es eine stationäre Erinnerungshilfe? Verfügen Sie über eine mobile? Wann können Sie

Ihr Embodiment einsetzen? Können Sie andere Menschen mit einbeziehen?

Welche Erinnerungshilfen stehen zur Verfügung?
....
....
....
....
Wann könnte ich meinen Micro Move einsetzen?
....
....
....
....
Welche sozialen Ressourcen stehen zur Verfügung?
....
....
....
....

Der Wenn-dann-Plan

Den konkreten Einsatz der Ressourcen und das geplante Verhalten manifestieren Sie nun in einem Wenn-dann-Plan. Für diesen benötigen Sie als erstes einen Auslösereiz, den Sie präzise beschreiben. Dieser kann in einem äußeren Ereignis bestehen, das Sie so formulieren können: „Wenn meine Kollegin die Forderung xy stellt ...". Es kann sich aber auch um ein Gefühl handeln, einen somatischen Marker: „Wenn ich merke, dass mein Atem schneller und flacher wird ...".

Mit diesem Auslösereiz verbinden Sie nun ein „Dann“. Dieses kann sich auf den Einsatz von Ressourcen beziehen oder auch auf ein bestimmtes Verhalten: „… dann greife ich zu meinem Schlüsselanhänger, mache den Micro Move und sage freundlich und bestimmt: …“

Sie können ein „Wenn“ mit bis zu drei „Dann“ koppeln. Eine ausführliche Beschreibung des Wenn-dann-Plans finden Sie im Kap. „Tools für zwischendurch“.

Notieren Sie hier Ihren Wenn-dann-Plan für die ausgewählte Situation.

Wenn

……………………………………………………………………………

……………………………………………………………………………

Dann

……………………………………………………………………………

……………………………………………………………………………

Wie Sie am besten mit B-Situationen umgehen

- Schätzen Sie den Schwierigkeitsgrad ein.
- Planen Sie den Ressourceneinsatz und Ihr Verhalten.

C-Situationen: Misserfolge kompostieren

C-Situationen sind solche, in denen ich „calt“ erwischt werde, solche die „critisch“ sind. Es sind Situationen, in denen es mir nicht gelungen ist, mich in der erwünschten Art und Weise zu verhalten. Das liegt nicht unbedingt daran, dass die C-Situationen so schwierig sind, sondern meist daran, dass sie überraschend kommen. Vielleicht hat eine schwierige B-Situation eine unerwartete Dynamik bekommen, auf die ich nicht vorbereitet gewesen bin, vielleicht war ich mit meinen Gedanken aber auch nur woanders und dann kam eben schräg von der Seite etwas, mit dem ich nicht umgehen konnte. Auch das kann natürlich in Zukunft passieren, wahrscheinlich aber eher in nächster Zeit, wenn die neue Haltung und das neuronale Netz noch nicht stark genug ausgeprägt sind. Insofern ist es ganz natürlich, wenn es zu solchen Misserfolgen kommt. Sie sind kein Scheitern. Nutzen Sie sie vielmehr als Katalysator für Ihre persönliche Weiterentwicklung.

Den optimalen Umgang mit C-Situationen illustriert das ZRM®-Ablaufmodell.

Eine C-Situation ist dadurch gekennzeichnet, dass sie eingetreten ist, dass die Bombe gewissermaßen geplatzt ist. Dann braucht es erst einmal Zeit, bis ich den ersten Schreck überwunden und eine Idee habe, was ich hätte besser tun können. Das können zwei Wochen sein oder zwei Monate. Hinterher ist man meistens klüger.

Das ZRM®-Ablaufmodell

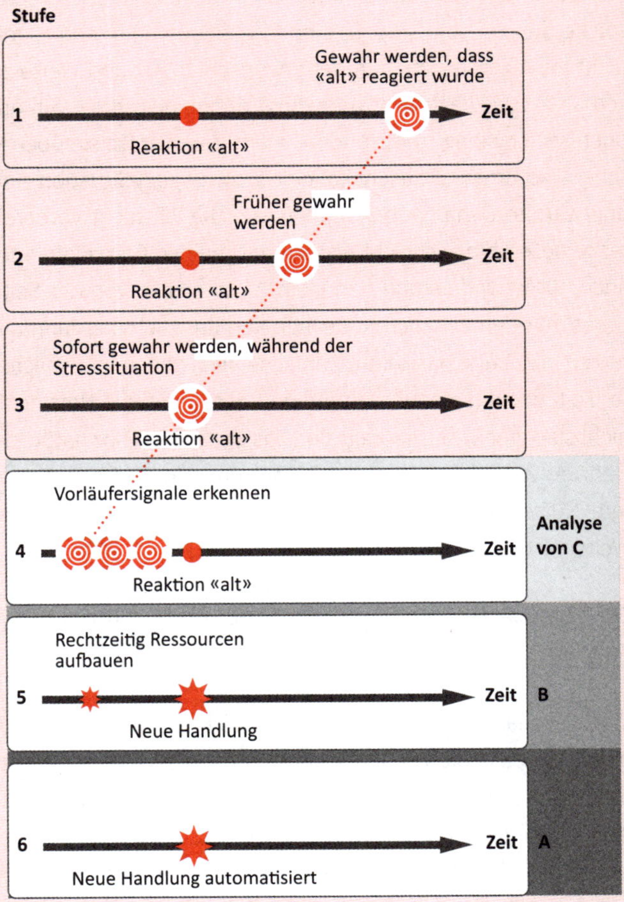

Dann passiert etwas Ähnliches wieder und ich brauche für meine Erkenntnis vielleicht keine zwei Wochen mehr, sondern nur noch zwei Tage oder zwei Stunden. Vielleicht habe ich dann aber bereits in der Situation selbst schon das Bewusstsein: „Achtung, das ist jetzt wieder so eine Situation". Trotzdem gelingt es mir nicht so zu reagieren, wie ich es eigentlich für besser halte. Was also tun?

Als erstes ist es wichtig, ähnlich wie bei den B-Situationen, die Rahmenbedingungen und Besonderheiten zu analysieren:

Wer waren die beteiligten Personen?
....
....
Gab es besondere Erwartungen? Zeitdruck? Leistungsdruck?
....
....
....
....
Spielen andere Faktoren noch eine Rolle?
....
....
....
....

Nach circa vier bis sechs solcher C-Situationen ist es wahrscheinlich, dass Sie ein Muster erkennen können. Es gibt bestimmte Faktoren, die die Entstehung solcher Situationen begünstigen.

Sobald Sie so ein Muster erkannt haben, haben Sie es automatisch nicht mehr mit einer überraschenden Situation zu tun. Sie können jetzt nämlich sogenannte Vorläufersignale identifizieren, jene Faktoren, die das Eintreten der C-Situation begünstigt haben. Wenn Sie ein Vorläufersignal erkennen, so ist dies wiederum nicht mehr Teil einer C-Situation. Diese wandelt sich in eine B-Situation, eine Situation, auf die Sie sich vorbereiten können – zum Beispiel mit einem Wenn-dann-Plan: „Wenn *das Vorläufersignal eintritt*, dann …"

Auf diese Weise wird eine komplexe C-Situation in handhabbare B Situationen aufgeteilt. Erfolgreiche Wenn-dann-Pläne haben die Tendenz, sich schnell zu automatisieren, d. h., sie werden zu A-Situationen.

Das ZRM©-Ablaufmodell zeigt, wie aus Situationen, die schief gelaufen sind, maximaler Lernerfolg realisiert werden kann. Im Grunde genommen sind C-Situationen ein Zeichen persönlicher Entwicklung: Wenn Sie sich persönlich weiterentwickeln, dann kommen Sie in Situationen, zu denen Sie noch keine Erfahrungswerte gesammelt haben. Sie handeln dann spontan – und manchmal geht das eben daneben.

Wenn Sie hinterher klüger sind, ist das der erste Schritt zum Lernen. Verzweifeln Sie nicht, wenn es sich in der Situation selbst schon abzeichnet, dass Sie eigentlich nicht so handeln, wie Sie möchten. Auch das ist ein Lernfortschritt. Es ist bereits ein Fortschritt, wenn Ihnen in der Situation selbst schon bewusst ist, was die richtige Reaktion sein sollte. Durch die Analyse der Vorläufersignale gelingt es Ihnen dann, strukturiert Verhaltensroutinen zu etablieren, die dafür sorgen, dass eine C-Situation dieser Art nicht mehr entsteht. Stück für Stück können Sie die C-Situation vorbeugend deeskalieren.

Das ZRM®-Ablaufmodell ist im Grunde so eine Art Komposthaufenmethode: Irgendein Mist kommt oben immer drauf. Wenn Sie allerdings wissen, wie Sie damit umgehen können, wie sie ihn verstoffwechseln können, dann lebt es sich damit auch sehr viel leichter.

Tools für zwischendurch

Sie haben in den letzten Kapiteln viele nützliche Tools kennengelernt, Ihre Vorhaben leichter und nachhaltiger in die Tat umzusetzen. Hier sind sie in einer Toolbox zusammengefasst, aus der Sie sich im Alltag jederzeit bedienen können, um

- Ihre somatischen Marker zu trainieren,
- sich auch in schwierigen Situationen leichter und besser zu entscheiden,
- ins Handeln zu kommen und nachhaltig am Ball zu bleiben.

1 Somatische Marker trainieren

Wenn Sie bisher wenig Augenmerk auf Ihre körperlichen Signale oder die sie begleitenden Emotionen gelegt haben, ist es anfangs nicht so einfach, positive somatische Marker zu erkennen. Negative somatische Marker werden dagegen von fast allen Menschen wahrgenommen. Das ist evolutionsbedingt so, da ein instinktives Spüren negativer Gefühle meist vor Gefahren warnt und daher überlebenswichtig ist. Deshalb beginnt das Somatische-Marker-Training mit dem Wahrnehmen negativer Gefühle.

Trainingsvariante 1

1. Welche Situationen mit schlechten Gefühlen kennen Sie?
2. Zeichnen Sie in einer passenden Farbe das Gefühl in die folgende Comicfigur.
3. Beschreiben Sie die eingezeichneten Linien bildhaft. Bildhaft bedeutet, dass Sie die Emotion nicht benennen, sondern metaphorisch umschreiben.

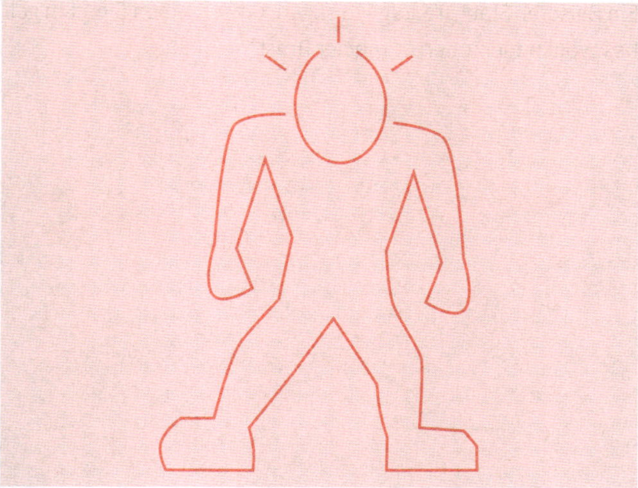

Ein Beispiel: Statt „traurig“ zu sagen, beschreiben Sie: „Ein schwarzer Schleim fließt von meinen Schultern abwärts“.

Trainingsvariante 2

1. Welche Situationen mit guten Gefühlen kennen Sie?
2. Zeichnen Sie in einer passenden Farbe das Gefühl in die Comicfigur am Rand ein.
3. Beschreiben Sie die eingezeichneten Linien bildhaft.

Auch hier gilt wieder: Bildhaft bedeutet, dass Sie die Emotion nicht benennen, sondern metaphorisch umschreiben.

Ein Beispiel: Statt „freudig“ zu sagen, umschreiben Sie: „Ein gelbes Wollknäuel rotiert in meiner Brust“.

Trainingsvariante 3

Trainieren Sie Ihre Eigenwahrnehmung, um Ihr eigenes Signalsystem besser kennenzulernen und nutzen zu können. Stärken Sie damit Ihre Selbstkompetenz.

Um die Eigenwahrnehmung zu verbessern, können Yoga, Qigong, Tai-Chi, Atemtherapien oder Techniken wie Feldenkrais hilfreich sein. Auch Massagen sind empfehlenswert, wenn Sie das Gespür für Ihre Körperwahrnehmungen verbessern wollen.

Eine weitere Möglichkeit ist das Training mit kleinen Entscheidungssituationen im Alltag, zum Beispiel:
Wie wähle ich aus einer Speisekarte im Restaurant aus?

- Überwiegen negative somatische Marker, gehe ich also gewissermaßen nach einem Ausschlussverfahren vor?
- Gibt es spontane Ideen, die ich wieder verwerfe?
- Diskutiere ich mit mir?

Sie können in solchen Situationen Ihre somatischen Marker trainieren, indem Sie sich möglichst spontan entscheiden.
Nach dem Essen prüfen Sie Ihre Zufriedenheit: War es eine gute Entscheidung?

Sie werden bei dieser Vorgehensweise des Öfteren das Gefühl haben, keine gute Wahl getroffen zu haben. Vielleicht sind es aber auch kognitive Zweifel, nicht alle Möglichkeiten geprüft und tatsächlich auch die beste Entscheidung getroffen zu haben?

Beides ist völlig okay. In beiden Fällen entwickeln Sie nach und nach ein Gespür dafür, was Sie eigentlich möchten. Die Qualität Ihrer Entscheidungen wird steigen. Damit sind Sie auf einem guten Weg, Ihre somatischen Marker stärker wahrzunehmen – und das, ohne Gefühle mit Worten beschreiben zu müssen.

2 Selbstcoaching mit der Affektbilanz

Wir sind gewohnt, unsere Bewertungen auf einer Skala abzubilden. Wir vergeben zum Beispiel fünf Sterne, wenn wir sehr zufrieden sind, und einen Stern, wenn wir komplett unzufrieden sind. Dabei bilden wir eine Art Mittelwert: Von dem, was uns gut gefallen hat, ziehen wir ab, was uns nicht gefallen hat. Das hat jedoch nur eine begrenzte Aussagekraft.

Ein Beispiel zur Veranschaulichung: Die Durchschnittstemperatur in der Westsahara beträgt in einigen Monaten 24°C. Um dort jedoch einen schönen Urlaub mit der angemessenen Kleidung verleben zu können, benötige ich die Information, wie heiß es am Tag und wie kühl es in der Nacht werden kann. Tagsüber werden nämlich Temperaturen von 34°C erreicht, während nachts die Temperatur auf 14°C fallen kann. Da reicht keine leichte Sommerkleidung. Ich brauche auch warme Sachen, da es bei einem Temperatursturz von 20°C empfindlich kühl werden kann.

Die Anatomie des Gehirns zeigt, dass es zwei Instanzen gibt, die eine Sache bewerten. Zum einen die Hirnregion um den Nucleus accumbens, die sich nur mit den positiven Aspekten einer Sache beschäftigt. Dieser Bereich wird auch als Belohnungssystem bezeichnet. Die zweite Region um die Amygdala kreist ausschließlich um die negativen Aspekte. Dieser Bereich wird auch das Bestrafungssystem genannt. Wenn es zwei Bereiche gibt, die Bewertungen vornehmen, brauchen wir folgerichtig auch zwei Skalen, um sie abzubilden.

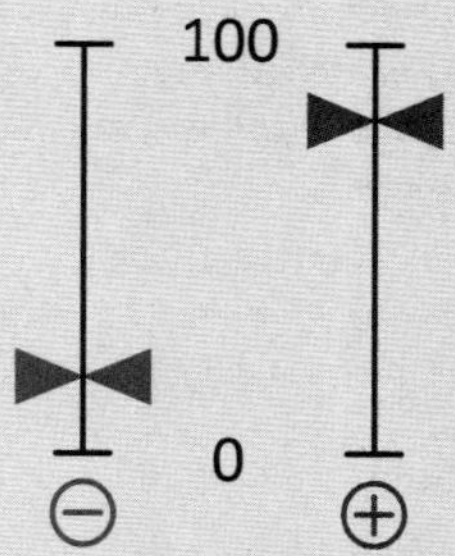

Die Affektbilanz

Die Affektbilanz ist ein Instrument, mit dem Sie Ihre eigenen Bedürfnisse erforschen und auch Ihre Zufriedenheit gezielt verbessern können. Wie genau, zeigt das folgende Beispiel.

Beispiel: Ich habe montags wenig Lust zur Arbeit zu gehen.

- Schritt 1: Erstellen Sie eine Affektbilanz.
- Schritt 2: Benennen Sie die positiven und negativen Faktoren.

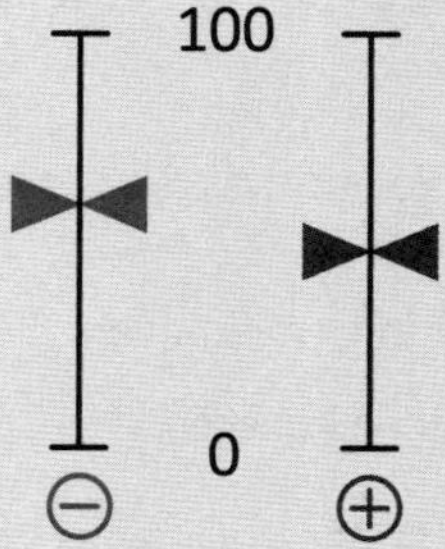

„Montagmorgen"

+	▪ Grundsätzlich macht mir die Arbeit Spaß. ▪ Ich sehe die Kollegen wieder. ▪ Ich habe nur eine kurze Wegstrecke, es gibt Parkplätze. ▪ Der Kaffee ist gut.
–	▪ Morgens herrscht schlechte Luft. ▪ Es kommen Anfragen, deren Stand ich erst erfragen muss. ▪ Ich werde mit Arbeit/Anfragen für die ganze Woche überschüttet.

- Schritt 3: Fragen Sie sich und andere

  Was könnte die positiven Aspekte steigern?
  - Lieblingsfrühstück mit zur Arbeit bringen
  - Wenn Sie Pflanzen mögen: erstmal die Pflanzen versorgen
  - Auf der Fahrt zur Arbeit: eigene Ziele überlegen/weniger fremdbestimmen lassen

  Wie lassen sich die negativen Aspekte senken?
  - Wenn morgens noch alles ruhig ist: eine halbe Stunde früher kommen, lüften.
  - Jour-fixe (20 Minuten) mit den Kollegen: Wie ist der Stand, was liegt an?
- Schritt 4: Wählen Sie aus, was Sie gut finden und umsetzen wollen
  - Das Lieblingsfrühstück mitbringen
  - Der Jour-fixe mit den Kollegen
- Schritt 5: Wie sieht die Affektbilanz aus, wenn die Maßnahmen umgesetzt sind?
- Schritt 6: Evaluation

Sind Sie mit dieser Affektbilanz zufrieden? Wunderbar! Sie sind nicht zufrieden? Beginnen Sie erneut mit Schritt 3.

Es gibt gerade keine Wege, die Affektbilanz in einen akzeptablen Zustand zu bringen? Dann sollten Sie sich aus dem Thema lösen.

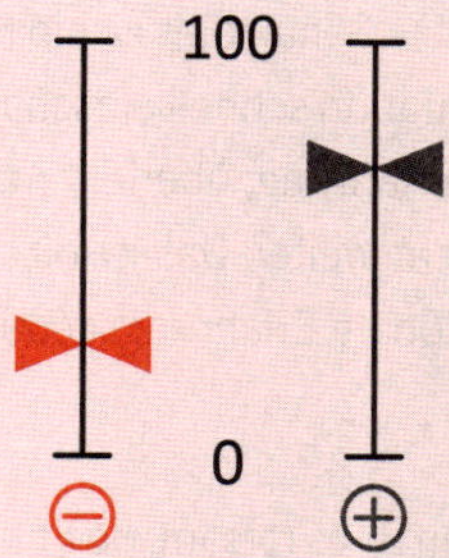

Neue Affektbillanz „Montagmorgen"

Vorteile der Affektbilanz

Der Verstand ist schnell versucht, in Entweder-oder-Kategorien zu denken, ja oder nein, 0 oder 1, ein Problem und eine Lösung. Viele Probleme sind aber das Zusammenspiel verschiedener Faktoren, die mitunter unabhängig voneinander sind. Die Affektbilanz ermöglicht einen differenzierten Blick auf die Situation und eröffnet die Möglichkeit, an vielen kleinen Stellschrauben zu drehen. Die Maßnahmen haben dementsprechend nicht den Anspruch, alle negativen Bewertungen auf Null zu bringen – das wäre ein recht unrealistischer Anspruch.

3 Gute Entscheidungen treffen

Wenn es uns schwerfällt, sich in einer Sache zu entscheiden, liegt es zumeist daran, dass wir uns in einer neuen Situation befinden. Die Folgen der Entscheidung sind ungewiss und lassen sich nicht überblicken. In bekannten Situationen müssen wir nicht lange darüber nachdenken, was zu tun ist. Wir handeln gewissermaßen intuitiv. Genau dies ist ein Kennzeichen von Berufserfahrung: die Situation schnell einschätzen und handeln zu können. Fehlt diese Erfahrung, überlegt man zunächst, grübelt und kommt nicht recht weiter. Das ist nicht weiter verwunderlich, denn das emotionale Erfahrungsgedächtnis hat keine Referenzerlebnisse.

In solchen Situationen ist es ratsam, den bewussten Verstand zu bemühen und alle Informationen zu sammeln, die für die Sache relevant sind, Argumente, die dafür, und solche, die dagegen-sprechen. Man kann die einzelnen Aspekte gewichten und dann feststellen, welche Seite überwiegt. Allerdings ist man *noch nicht wirklich überzeugt*. Was fehlt, ist das Gefühl der inneren Gewissheit, denn der erforderliche Handlungsimpuls kommt nicht aus dem bewussten Verstand, sondern aus dem unbewussten emotionalen Erfahrungsgedächtnis. Der Philosoph Blaise Pascal (1623 – 1662) nannte es die *Logik des Herzens*: „Das Herz hat seine Gründe, die die Vernunft nicht kennt".

Wie können wir nun aber den erforderlichen Schritt machen zu einer Entscheidung?

Sie haben sich gut informiert und alle Argumente sorgfältig rational gegeneinander abgewogen, können aber keine Entscheidung treffen? Nehmen Sie einen Würfel oder eine Münze: Entscheiden durch Würfel- oder Münzwurf

1. Weisen Sie den Optionen Kopf oder Zahl, eine gerade oder ungerade Zahl zu.
2. Würfeln Sie, werfen Sie die Münze und …
3. schauen Sie auf das Ergebnis. Achten Sie dabei auf Ihr erstes spontanes Gefühl, Ihre somatischen Marker.

⊕	Haben Sie sich kurz gefreut, ein gutes Gefühl? Dann bestätigt das Ergebnis die Entscheidung, die Sie unbewusst schon getroffen haben. Bleiben Sie dabei.
⊖	Sie spüren ein kurzes Gefühl der Enttäuschung, der Unzufriedenheit? Dann sollten Sie sich gegen das Ergebnis entscheiden.

Die somatischen Marker zeigen die Bewertungen Ihres emotionalen Erfahrungsgedächtnis: Aufgrund aller Erfahrungen, die Sie bisher gemacht haben, gibt es eine Präferenz, die Sie mit dem Münz- oder Würfelwurf sichtbar machen können. Das bedeutet nicht, dass Sie nun Hals über Kopf Fakten schaffen müssen, wohl aber haben Sie eine valide Orientierung, in welche Richtung Sie sich orientieren sollten.

4 Wenn-dann-Pläne

Im Zürcher Ressourcenmodell werden die Wenn-dann-Pläne eingesetzt, um neue Automatismen zu bilden und alte, unerwünschte Verhaltensmuster zu verlernen. Hierzu werden Ressourcen aktiviert, um das erwünschte Verhalten zu ermöglichen. Entwickelt wurden die Wenn-dann-Pläne von Peter Gollwitzer, Professor an der Universität Konstanz. In mittlerweile über 200 Studien wurde die Wirkungsweise von Wenn-dann-Plänen im Vergleich zu allgemein formulierten Zielen und guten Vorsätzen evaluiert: Sie führen zu einer deutlichen Steigerung der Umsetzungskompetenz.

Beispiel: Wenn-dann-Studie

Den Teilnehmern an einer Studie, es waren Studierende, wurde ein Datenträger mit mathematischen Aufgaben ausgehändigt. Sie sollten zu einem bestimmten Zeitpunkt so viele Aufgaben wie möglich lösen. Als sie die Datenträger erhielten, musste eine Gruppe folgenden Vorsatz aufschreiben: „Mittwoch um 17.00 Uhr werde ich so viele arithmetische Aufgaben wie möglich lösen." Die andere Gruppe war dazu angehalten, den Vorsatz in Form eines Wenn-dann-Plans aufzuschreiben: „Wenn es Mittwoch um 17.00 Uhr ist, dann werde ich so viele arithmetische Aufgaben wie möglich lösen."

In den Datenträgern war ein Zeitchip eingebaut, der aufzeichnete, wann die Studierenden sich tatsächlich hinsetzten, um Aufgaben zu lösen. Die erste Gruppe hatte eine mittlere Verspätung von 482,45 Minuten, während die Gruppe, die einen Wenn-dann-Plan formuliert hatte, eine mittlere Verspätung von nur 101,27 Minuten hatte.

Wenn-dann-Pläne sind schon recht lange bekannt in den Mnemotechniken – Techniken, um sich bestimmte Dinge zu merken. Sie können das gerne einmal ausprobieren, wenn Sie in ein großes Parkhaus fahren und sich die Nummer Ihres Parkplatzes merken wollen. Sagen Sie sich: „Wenn ich zum Kassenautomaten komme, dann sage ich mir 634". Es funktioniert. Der bewusste Verstand hat vielleicht gerade eine Reizüberflutung im Einkaufszentrum hinter sich und kann sich nicht mehr gut erinnern. Im unbewussten System können solche Formulierungen jedoch sehr gut gespeichert und abgerufen werden.

Wenn-dann-Pläne erhöhen die Umsetzungskompetenz, weil sie einen Handlungsimpuls, der aus dem unbewussten System kommt, auslösen. Vielleicht kennen Sie dies aus dem eigenen Erleben: Sie sind an einem lauen Sommerabend auf dem Weg nach Hause und denken sich: „Eigentlich könnte ich heute Abend gut noch eine Runde Joggen gehen." Wie ist es dann, wenn Sie zuhause angekommen sind, die Tasche abgelegt und einen bequemen Platz gefunden haben? Raffen Sie sich dann tatsächlich noch auf und laufen los? Es ist etwas anderes, wenn Sie sich sagen: „Wenn ich zuhause bin, lege ich meine Tasche ab, ziehe dann die Sportsachen an und laufe los." Oder: „Wenn es 19.00 Uhr ist, dann ziehe ich meine Laufsachen an und jogge." In dem Moment nämlich, wenn Sie feststellen, dass es schon 19.10 Uhr ist, greift der „Dann-Impuls": „Ich will jetzt loslaufen".

Der Auslösereiz

Damit ein Wenn-dann-Plan funktioniert, ist es wichtig, dass der Auslöser-Reiz, das „Wenn“, sehr präzise formuliert ist. Es darf keinen Interpretationsspielraum geben. Das Unbewusste muss eindeutig wissen: „Aha, das ist jetzt genau die Situation.“ Dabei kann es sich um einen äußeren Reiz handeln, zum Beispiel: „Wenn ich die Rufnummer des Kollegen auf dem Display sehe …“. Es kann aber auch ein innerer Auslöser-Reiz sein, also ein bestimmter somatische Marker.

Ich hatte einmal einen Teilnehmer in einem Seminar, der bei der Arbeit immer stark unter Druck stand. Was er gar nicht vertragen konnte, war das Gefühl, dass ihm jemand die Zeit stiehlt. Dann wurde er zuweilen sehr impulsiv und in seinen Äußerungen grenzwertig. Er konnte mir sofort einen somatischen Marker benennen: Jedes Mal, bevor ihm der Kragen platzte, spürte er im rechten Mundwinkel ein mehrfaches Zucken. Der innere Reiz muss aber nicht immer ein so starkes, eindeutiges Signal sein. Es kann sich auch um ein mulmiges Gefühl handeln in der Magengegend. Bei jedem und jeder manifestiert es sich anders. Aber jeder von uns kann diese körperlichen Empfindungen sehr wohl genau lokalisieren und beschreiben.

Mein Dann …

Im nächsten Schritt verbinde ich den auslösenden Reiz mit meinem erwünschten Verhalten. Durch die Aktivierung von Ressourcen helfe ich mir dabei, die erwünschte Reaktion tatsächlich zu realisieren. Ressourcenaktivierung kann zum Beispiel bedeuten, dass ich mein Bild anschaue oder eine Erinnerungshilfe zur Hand nehme oder meinen Micro Move mache. In vielen Studien wurde genau ermittelt, wie viele *Danns* mit einem Auslösereiz gekoppelt werden können. Man hat herausgefunden, dass ein *Wenn* bis zu drei *Dann* verträgt.

Beispiel: Wenn ich die Rufnummer des schwierigen Kollegen auf meinem Display sehe, dann schaue ich auf mein Bild, nehme den Schlüsselanhänger mit dem Symbol in die Hand und sage mit freundlicher und fester Stimme: „*Hallo*".

Haben Sie einen Trigger, der bei Ihnen Ärger oder Unwohlsein hervorruft? Dann überlegen Sie, wie Sie reagieren möchten. Welche Ressourcen stehen Ihnen zur Verfügung? Wann könnten Sie Ihren Micro Move machen? Beginnen Sie nicht mit den schwierigsten Situationen und den größten Triggern. Üben Sie lieber mit Situationen, die einen mittleren Schwierigkeitsgrad haben, also auch nicht zu leicht sind.

Anfangs ist es wichtiger, erst einmal Erfolgserlebnisse zu sammeln. Gelingen Ihnen solche Situationen, ist dies auch das beste Training, um in den schwierigen Situationen das erwünschte Verhalten zeigen zu können. Schreiben Sie auf:

Wenn *(präziser Auslöserreiz)* …

……………………………………………………………………………………
……………………………………………………………………………………
……………………………………………………………………………………
……………………………………………………………………………………
……………………………………………………………………………………
……………………………………………………………………………………
……………………………………………………………………………………
……………………………………………………………………………………

Dann *(bis zu 3 Ressourcenaktivierungen/Verhalten)* …

……………………………………………………………………………………
……………………………………………………………………………………
……………………………………………………………………………………
……………………………………………………………………………………
……………………………………………………………………………………
……………………………………………………………………………………
……………………………………………………………………………………
……………………………………………………………………………………
……………………………………………………………………………………
……………………………………………………………………………………
……………………………………………………………………………………
……………………………………………………………………………………
……………………………………………………………………………………
……………………………………………………………………………………
……………………………………………………………………………………
……………………………………………………………………………………

Weiterführende Literatur

Bucci, W.: The referential process, consciousness, and the sense of self. Psychoanalytic Inquiry, 22 (5) 766-793.

Gigerenzer, G.: Bauchentscheidungen: Die Intelligenz des Unbewussten und die Macht der Intuition. 11. Aufl. München, 2008.

Kahneman, D.: Schnelles Denken, langsames Denken. München, 2016.

Storch, M./Krause, F.: Selbstmanagement – ressourcenorientiert. Grundlagen und Trainingsmanual für die Arbeit mit dem Zürcher Ressourcen Modell (ZRM®). 5. erweiterte und vollständig überarbeitete Auflage, Bern, 2014.

Storch, M./Kuhl, J.: Die Kraft aus dem Selbst: Sieben PsychoGyms für das Unbewusste. 3. Aufl. Göttingen, 2017.

Storch, M.: Das Geheimnis kluger Entscheidungen: Von Bauchgefühl und Körpersignalen. 13. Aufl. München, 2011.

Tschacher, W., Storch, M., Hüther, G., Cantieni, B.: Embodiment: Die Wechselwirkung von Körper und Psyche verstehen und nutzen. Bern, 2006.

Weber, J.: Ich fühle, was ich will: Wie Sie Ihre Gefühle besser wahrnehmen und selbstbestimmt steuern. Göttingen, 2017.

Stichwortverzeichnis

Impressum

Bibliografische Information der Deutschen Nationalbibliothek
Die Deutsche Nationalbibliothek verzeichnet diese Publikation in der Deutschen Nationalbibliografie; detaillierte bibliografische Daten sind im Internet über http://www.dnb.dnb.de abrufbar.

Print:	ISBN: 978-3-648-17350-3	Bestell-Nr.: 10774-0001
ePub:	ISBN: 978-3-648-17351-0	Bestell-Nr.: 10774-0100
ePDF:	ISBN: 978-3-648-17352-7	Bestell-Nr.: 10774-0150

Arnulf Krandick
Erfolgreiche Selbstführung im Job –
Persönliche Entwicklung nachhaltig umsetzen
1. Auflage 2023

E-Mail: info@haufe.de
Redaktion: Jürgen Fischer

Konzeption, Realisation und Lektorat: Nicole Jähnichen, www.eisbach-text.de
Bildnachweis (Cover): © feliks szewczyk, iStock
Grafiken (Innenteil): Arnulf Krandick; ZRM®-Abb. auf S. 100 basierend auf Storch/Krause (2014)

Der Autor

Arnulf Krandick

studierte an der FU Berlin Philosophie, Alte Geschichte und Religionswissenschaften und schloss den Magister mit einer Arbeit über die Systemtheorie von Niklas Luhmann ab. Im Anschluss an sein Studium arbeitete er für verschiedene Unternehmensberatungen. Seit mehr als 20 Jahren ist er selbstständiger Trainer, Berater und Personalentwickler mit den Themenschwerpunkten Führung, Projekt- und Selbstmanagement. Seine Kunden wie auch Seminarteilnehmer profitieren von seiner langjährigen Praxiserfahrung in der Organisations- und Personalentwicklung sowie von seinen Tätigkeiten als Projektleiter unter anderem für ein e-Learning Internetportal und verschiedene Transfergesellschaften. Krandick verfügt über diverse Zusatzqualifikationen, so zum Beispiel als NLP-Master, Prince2-Professionell und systemischer Coach. Er ist Professional Coach im DBVC und zertifizierter Trainer für das Zürcher Ressourcenmodell ZRM®.

Mehr zum Autor: www.zrm-training.de